JN151369

知られざる北海道
開拓移住者の夢

ひと、まち、時代を架橋する

川野佐一郎

目次

はじめに

二〇二四年一月一日に発生した能登半島地震で驚くべき歴史的事実が報道されました。突端に位置する珠洲市では、約二五〇〇年前〜二〇〇〇年前、約二〇〇〇年前〜一八〇〇年前、そして九〜一〇世紀の少なくとも三回、津波があったことを示す「砂層」が見つかったといいます。「活断層で地震が起こるのは数千年に一回といった非常にまれな現象だが、今回のような地震が繰り返し起こり、能登半島を隆起させ、現在の地形をつくった。地層や地形は千年、万年、さらに過去の時間を記録している」という地質学者の説明です（「朝日新聞」二〇二四年三月八日）。

地層や地形の歴史は気が遠くなるほど過去の期間です。それに比べて、これから私は約一六〇年前のことを綴りますが、歴史上は微々たる以前の期間です。しかし、その解明に至る方法は、「歴史に学び、現在を考え、将来を構想する」というシンプルな思考プロセスも同時に学びました。歴史学が専門でもない私にとって文献や保存史資料の調査は、とても難儀でしたが、北海道開拓期に移住した私の祖父の苦闘（歴史）を主題として描いてみました。

能登半島地震に着目した理由は、現在の石川県をはじめとする北陸四県と東北各県、そして北海道とのつながりが強かったからです。それは「北前船」の存在です。船主たちは廻船という輸送業のみならず交易によって日本海沿岸と東アジア諸国を結びつけ、日本海運史にとっても画期的な歴史的事実がありました。

私たちが学んだ高校日本史は、大学入試科目でもあり、知識として必要な暗記科目だったように思います。一点でも多くとれる（とらなければいけない）「束縛と苦痛」の時間帯でした。近年ブームになっているような、「楽しく興味の持てる日本史」のように逆説や裏話、登場人物の心の揺れなどを織り交ぜた解説に感服しています。

教師に責任はないと思いますが、一人の社会人として生きていくため、必要な歴史研究・理解への道とは遠かったので、歴史研究者にはぜひ多角度からの挑戦とご教示をこれからもお願いします。

中国や韓国、アジア諸国からの留学生たちと話す機会があります。同世代の日本の若者たちに「日本の歴史」を訊いても、やはり「よく分からない」という回答が多かったと彼らは驚いていています。私たち世代と同じで、教えられていない（学んでいない）現状が今も続いていいます。「思想」として導くということではありません。ぜひ興味をもって自国の歴史を学ぶ努力ができる学習環境を整えてあげてください。

本書では、わずか一六〇年前の歴史をふり返ります。そのうえ時代や地域、文化や風土、人々の生活態様や習慣も限定された歴史の一局面です。断片的ではありますが、何かヒントを得ていただければ幸いです。また個人的な体験ストーリーではありますが、かつて日本の社会的背景を反映して「移住・移民」政策が歴史上、どのように展開されたのか、基礎的な理解の一助になると考えています。なぜなら現代日本の社会状況は、ますます「地方の疲弊」が進み、総じて「将来人口の減少」が憂慮されていて、新たな「移住策」が国策として声高に叫ばれているからです。

日本の幕藩政治は終わりを告げ、「明治の時代」に入って国のかたちは大きく変わりました。藩閥のリーダーたちは、「明治維新」の立役者として日本の歴史にその名を留めていますが、その当時、総人口数は三三〇〇万人を超えていたはずです。ではいったい多くの国民・大衆は、その時代に何をどう考えて、どのように暮らしていたか興味のあるところです。歴史の研究書は、政治指導者の実像をたくさん遺して伝えています。それらに比べれば、わずか一六〇年前の民衆の姿を描いた記録はとても少ないのが現状です。

とりわけ新天地を求めて北海道に移住した人たちは、多くの苦難を抱えながらも土地の開墾・開拓をして産業を興し、交易を始め、生活を豊かにする努力をしてきました。忘れ去られているわけでなく、掘り起こされていないのです。北海道だけでなく、日本全国の「地方」と呼ばれる区域の歴史は、郷土史家もしくは一部のマニア、保管施設に眠ったままです。

それでもまだ保存・整理されていればいいほうで、膨大な史資料が後継世代の若者たちの目に触れるまでには難しい場面に遭遇します。最近は、若者たちが得意なデジタル技術を駆使して写真や映像媒体により、被災地の現場をアーカイブするグループもあり、とても頼もしく感じています。ぜひ日本の歴史を、とりわけ私たちの生活に密着した「地方・地域史」が、多くの人たちの歴史認識に繋がることを期待しています。

日々、そのようなことを考えていましたら、私のまわりに身近な人はいないだろうかと思い立ち、記憶を呼び起こしてみました。

考えてみたら青年期に、長野県の一寒村から北海道最北端の地・稚内に、たどりついた私の祖父・川野義二がそうでした。

「理由や目的は何だろう」「手段は」「暮らしは」「生業は」「家族は」と疑問は広がっていきました。最初は、「山々に囲まれ、どこまでも続く農地が多い長野県は、海がない土地柄ゆえ、広い海を見たい、また当時、豊漁だったニシン漁の雇い漁夫でもして日銭を稼ぎたいという一心で北海道の小樽をめざした」のだろうと考えていました。いうなれば「出稼ぎ人」ていどに想像をめぐらせ、祖父との記憶を通り越していたわけです。

祖父の顔が写っている、たった一枚の肖像画を見て孫の私が架空の対話を試みていました。いわば「祖父との語り」を直感的なモチーフとして本書を構成してみました。見知らぬ土地にたどり着き、商売を始め、家族ができ、「前を見て、なんとしてもこの地で生きるしかなかった」という強い意志を感じたので、私は参考文献に目を通し、調査をして視野を広げながら記述に着手しました。

さて私は現在、首都圏に居住していますので、かねてから人口問題には強い関心をもっていました。必要に応じて文章を綴る仕事もしていました。将来人口の推計に高齢化や少子化などの進行は、必要条件であると考えていますが、それだけでは十分条件を満たしているとはいえません。都市圏に人口集中を図った政策及び地方制度の抜本的改革を同時に認識する必要があります。総体数が減少するのに、地方自治体間で「快適な移住の奨励策」を競うなど人口の争奪戦が始まっています。

日本の総人口が増えた時期は四度あったといわれています。農耕社会の開始期、武家社会の改革期、明治維新後、太平洋戦争後でしょう。「経済の豊かさが人口数に反映し、それが国力の増強につながる」といった幻想もいまだ拭えません。

二一世紀の現在、徐々に減少し、将来推計は特に「地方」において極端に減少するというレポートもあります。こうした問題に対しても、後継世代に関心をもって繋いでいかないと先行き不安な状態に陥ってしまいます。どうぞ本書に対する皆さまのご批判をお願いします。

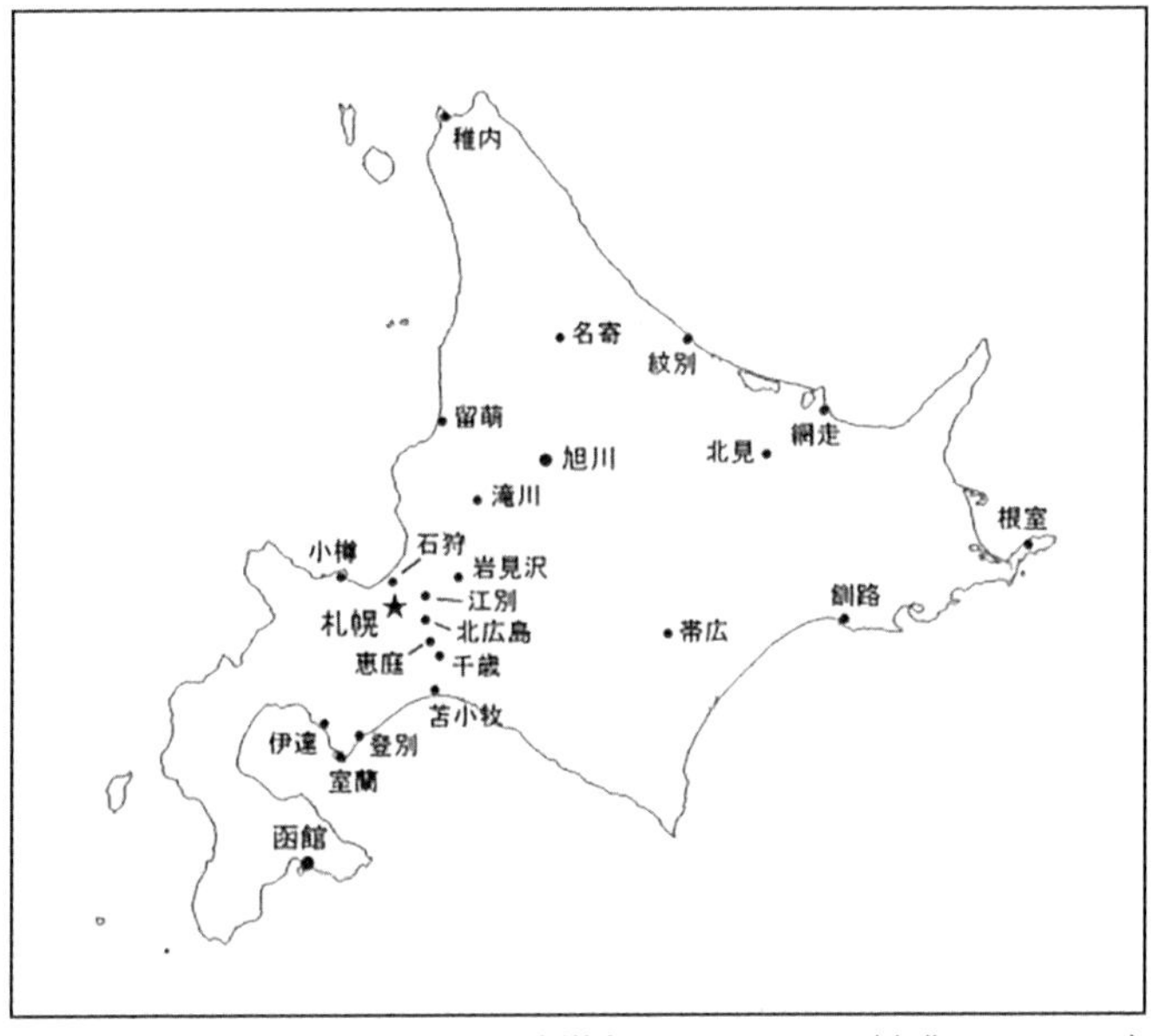

北海道全図　　　　　（出典：Zen Tech）

序章

「前を見るしか仕方がなかった」

ここに一枚の肖像画が遺されている。

一八七七（明治一〇）年生まれの祖父・川野義二の遺影である。横四〇センチメートル、縦五〇センチメートルのシルバーの額に入れられ、柔和な顔つきをして紋付・羽織姿である。おそらく享年七三歳の葬儀の際に飾られた遺影だと思われるが詳しくは分からない。表情から推測すると六〇歳くらいとも受けとれるので、後年になって父が依頼して作製したものかもしれない。父は祖父と同居していたが、孫の私に託されたものはこれしかない。肖像画を見るたびに感じることは、いつも祖父から私へ、何かを語りかけられているように思う。

生まれ故郷を想う気持ちは誰しも同じである。そこに自己のルーツを感じ、ある種のノスタルジアを覚えるからである。日本が近代国家をめざした明治期、私の祖父は長野県の一寒村から北海道に渡って五〇有余年を過ごし、七三歳で亡くなった。私が二歳の頃である。そういう私は一八歳で北海道を出て、学生時代は都区内に住み、その後職業生活を送るため神奈川県に居を構えて半世紀が過ぎた。こうした人生の軌跡に不思議な縁を覚え、このたび筆を執った。

開墾・開拓にあたって実に多くの人々が北海道に渡った。もとより移住は個人的な事情であり、かつてはハワイや南米大陸まで単身で、あるいは家族で移り住んだ歴史が日本にはある。移住の目的、形態、方法などはさまざまであるが、北海道の場合、新天地の開拓にともなって集団移住が主であり、国家政策による屯田兵たちの移住も歴史的事実として記されている。

人々は二一世紀を生きる同時代人として、ともに共通体験しながら現代社会とつながっている。世界的な新型コロナ・ウィルス感染症を長期にわたって経験し、ロシア軍の侵攻から始まった「ロシア・ウクライナ戦争」やイスラエルとイスラム組織ハマスとの軍事衝突から始まった「戦闘」など世界情勢も私たちの生活と結びついている。

それはひとえに人間はどんな状況下にあっても、幸せに生きる「生命の尊厳」の意味を問い続けているからだ。

国内に目を転じれば、二一世紀に引き継がれた最優先すべき政策課題であるはずの高齢化・少子化と人口減少に対する国家として有効な手だてが次々と先送りされている。保健・医療・福祉・介護・子育てに伴う制度改革とエッセンシャル（必要不可欠）・ワーカーの確保など、給付と負担の根幹的な問題がネックとなって改革が進まない。

人間は満足した人生を営むため重なり合うように生命を維持しながらもがいても、個体としてせいぜい一世紀しか生きられないだろう。

本書の関心は、二一世紀になってもなお「移住」というキーワードが多くの人々に語られているところにある。それは、より安全に、より快適に、より幸せに生きたい人間の欲求と呼応して、不思議なことに国家や地方自治体が音頭をとって国民・市民を促している。移住は今に始まったことではなく、一九世紀に南米大陸を中心に海外の国々へ多くの国民を送り出した。あたかも勤勉な労働力を切り売りするように「夢とロマン」をふりまいた。

蝦夷が北海道と名を替え、アイヌ民族を圧政下に追いやって開拓と開墾と産業育成を優先したのは、「士族移住」と「集団移住」、「屯田兵」や「衆治監対策」にあった。北海道の歴史を踏まえて、実は私の祖父である川野義二が単身で長野県上水内郡鳥居村から北海道に渡ったのも明治後期、二〇歳の頃であろう。当時の北海道移住の呼びかけに応じたわけではない。おそらく農家として貧困から逃れるため、新規開拓地を探し求め、あえて苦労を厭わずフロンティア精神を支えに一念発起したものと思われる。その記録をたどり、自分のルーツをたどる意味でも調べ始めた。歴史的には、たがだか一六〇年前のことである。ちょうど私は、祖父がたどり着いた北海道稚内市で生まれ、一八歳まで過ごし、現在その半分にあたる七五年間を生きている最中なので歴史を綴ることは簡単なことかとタカをくっていた。後述するように、とても作業は難航し、事実や根拠を明らかにできない日々が続いた。

昭和史研究の保坂正康は、札幌出身のノンフィクション作家である。著書『最強師団の宿命』（近代日本が経験した戦争で、常に最激戦地に投入された北の防人として旭川に置かれた第七師団のこと）で旭川第七師団が強いられた過酷な戦いを著した。「あとがきに代えて」で次のように言う。

わたしは札幌出身なので、現在もよく札幌にいく。この地には昭和史について関心を持っている人も多く、そういう人たちを対象に講演を行うことも少なくない。あのときいつも感じるのだが、北海道人は近代日本を北海道を起点に据えて語るべきだと思うし、それを日本全国に発信するべきだと思う。なぜなら北海道にはアメリカの開拓民に通じる精神風土があり、歴史そのものを客観的に見つめることが可能な体質をもっているのである。その体質を今後の「昭和史研究」に生かすべきだとわたしは考えている。

現代における移住は、高度経済成長期における都市圏への人口移動によって地方が衰退し、生産や雇用、労働、交通などに不便をきたしている。移住ではなく、回帰ともいえるが、社会現象ともなったUターン、Jターンは一時的なブームで終わった。

移住とは、まさしく「居宅を移して住む」ことが前提であり、場合によっては仕事や生活、学校や子育てなど生活全般に影響を及ぼす。「居住の自由」は憲法に保障された国民の権利であり、社会通念として自由を束縛するものではない。

ところが現代は情報社会であり、通信網や手段、機器の開発・普及で移住先を選択するのに事欠かない。そのうえインターネットやオンライン、ＤＸによる技術革新もすすんだ。政府や自治体、企業が流す情報、たとえばリモートワークや居住環境、そのほか地域に関わる多くの自然条件や社会資源を知ることが可能になった。最近では一時的な移住形態を「関係人口」もしくは「交流人口」としてカウントするケースもある。

表向きは移住を国家が強制しているのではなく、あくまでも決定権は市民の側にあり、日本国憲法が規定する「居住の自由」を侵すものではないといった複雑な理由も垣間見える。

祖父のＤＮＡであるフロンティア精神は、意外なことに私にも引き継がれている。私も子どものころから、魅惑の土地や空き地に初めて踏み入れる踏査や探検、冒険の話が好きだった。そういう本を読んだり、友だちと遊んだりしていた。何か底知れぬ深いところに入っていくような感覚、そこは人間の眼ではとうてい見通せない暗い部分、岩間から滴り落ちる水の音しか聞こえない、自分の二本の足でしか支えられていない、そこに一歩を踏み出す勇気が複雑に交錯する場所だった。

生まれてから一八年間過ごした北海道稚内市には、二月ともなると海岸沿い一面に流氷が押し寄せてくる。ロシア・アムール川から海水に流れ出た水が氷塊となってオホーツク海で流氷となる。ふだんから流氷の上にのって遊ぶことは禁じられていたが、小学校の先生がときどき「ダンキになるぞ〜」と言って浅瀬の氷片に乗って遊んでいる子どもたちを見回りにきて注意する。「ダンキ」とは暖気の意味だ。冬の気温も急に上がりだすと流氷は瞬く間に沖へ流されていくからである。今は観光客でも絶対に許されていない。しかし、当時の子どもたちは流氷の上にのって、どこまで行けるか、外国までたどりつけるだろうか、チョイ乗りして先生に叱られた記憶が蘇ってくる。

流氷に乗って遊ぶ子どもたち（昭和30年代中頃）

なぜそんなことばかり妄想していたのであろうか。

もう六五年以上前の話であり、詳しい理由を今では思い出せない。ごく普通の家庭で平凡に育ち、地域社会の皆さんにもお世話になったが、少年時代の冒険心も萎えて地元の高校、東京都区内の大学へと進学した。これといったトラブルもなく、青年期、成人期を過ごし、以後、家庭生活や職業生活、子育ても順調に社会的責任を果たそうと生きてきた。

しかし、「記憶」の中では、一八七七（明治一〇）年生まれの祖父・義二のことが忘れられない。

祖父が人生の転換を図るため、北海道移住を決めたのは一八九七年の頃、自立的な青年期を迎えたころであろう。まだ「未開の地」であったと推測する。生命の危険を感じてもおかしくない。私は「フロンティア精神」と、ひとくくりに考えていたが、どんな思いで北海道に渡ったのか訊いてみたい心情に晒されていた。

一九六八年に大学へ入学した私は、祖父の渡道から七〇年余は経つというのに、卒業してから先、自分の人生を決めきれないほど懊悩し、しぜんと祖父のイメージから遠ざかることを選択した。

もっとも祖父と同じ期間を過ごしたのは私が生まれた年から数えて二年間しかない。私をよく膝の上にのせて話しかけていたという。これは「私自身の記憶」ではなく、両親はじめ周囲の人たちから後に訊かされた「記憶」にすぎない。でも、それがどうしても消え去ることができない「記憶」なのだ。

時間を経るにつれて人間の記憶は薄れていく。それを補って余りあるのは史資料の存在である。記憶はどのような思考回路を経て脳内システムにインプットされていくのか、脳科学者にでも訊いてみなければ詳しいことは分からない。

とりわけ私も高齢者になって数多くの経験は積んできたけれど、それに比例するように忘れることも多い。歴史学者をはじめ、最近では郷土史家のような方が発見、発掘した史資料は私のような素人でも仄聞する限り、よくもここまで文字化し、記録として残されていたと感謝でいっぱいだ。調べている事柄に偶然出会ったときや知りたいという好奇心と合致した時、時代背景や土地柄、人間関係などがヒントとなり、まるで共通体験したように読者は感動し、納得し、過去を振り返ることができるだろう。

直接的に体験しなくても、とりわけ歴史書や過去の出版物に表現されている一行、一項目にでも手がかりをみつけると嬉々として、パズルを解いたように好奇心が湧き出てきて知識として追体験できる。そんな誘惑に誘われて私は七〇歳を過ぎた頃から、祖父・義二の生きた時代や北海道開拓のため移住を思いたった意志、つまり私のルーツを知りたいと強く思うようになった。

江戸時代末期には徳川幕府から松前藩が道南を管轄する命をうけ、先住していたアイヌ民族の生活手段や土地、資源、文化を収奪した「前史」の時代は決して誇れるものではなかった。まだ蝦夷と呼ばれていた時代である。明治を迎えるころ、北海道は「未開の地」として独特の歴史がある。

幕藩体制が終わりを告げ、近代国家へ脱皮するはずだった「明治維新」が、なお内戦という悲劇を燻りながら北海道は最後の激戦地として名を残した。歴史的には黒田清隆のもとに開拓使がおかれ屯田兵を派遣して官による北海道の夜明けが始まった。一見すると歴史的転換期ともいえるが、他方ではいわゆる本州での封建的家族制度による貧困を解消するため、民衆の自発的な移住に焦点をあてた生活態様の拡張であった。

本州では市制・町村制一八八八（明治二一）年、府県制・郡制一八九〇（明治二三）年など中央集権国家をつくるため、急いで地方制度を整える必要があった。本州の県や市町村単位に北海道移住者を募集して開墾地を切り拓き、産業や交通の基盤を整備する一方、開拓（フロンティア）精神や経済的豊かさに抱く夢を煽り、地元新聞などで呼びかけたらしい。しかし現実は血や涙を流すほど苦労の連続であったといわれる。

家のルーツを知るには両親に話を聞くことが最良である。しかし大正八年生まれの父親は、息子の私からみても、全く無口で必要なこと以外は家庭でも口を開かなかった。私が小学生のとき、歴史の勉強で「第二次世界大戦」について父親への聞き取りによる宿題が出された。「どこの国に行ったのか」「誰と戦ったのか」「兵隊として鉄砲は撃ったのか」子ども心に質問を用意していたが、尋ねてもいっさい話さない性格だった。子どもにはどうしても話したくない雰囲気を感じたので、もう外に遊びにいったことしか覚えていない。

ただ私が二歳の時に亡くなった祖父のことは、「海産商をしていた」とか「お前をよく膝の上にのせて話を聞かせていたよ」とか、名前をつけるにあたって他人を補佐する意味を込めて「佐」の文字を入れて名付けた所以など断片的に聞かされた。

そうしたなかで、とても衝撃的だったのは、「海産を扱っていた北浜通り一帯が昭和五年の大火にあってすべての財産を焼失し、繁盛していた祖父の工場、商店はもちろん、家財道具や我が家に残された資料も一瞬のうちになくなってしまった」という一言だった。

無一文になったのは、記録やカタチあるものばかりでなく、「記憶」や家のルーツに関わる一切を失ったことにつながる。

そういえば無口な父も、工場の写真や商いの書類、その他の製造器具や販売道具、営業雑誌や広告新聞、自宅の全景、隣り近所の図面など一切を失ったので私に見せるものは何もないという致命的なことだった。

今回、このような家の歴史に着手した動機は、祖父がどのような手段で、あるいはなぜ北海道に渡ったのか、その目的や理由、そして手段や方法はどうだったのか、それらを知りたい一心からである。これからまだまだ確認しなければならない記録物を発掘する必要はあるが、こうした作業にオーラル・コミュニケーションが欠かせないのに、いま周囲にそういう人が存在しない弱さは否定できない。

ただ一点、私の気持ちを支えて強く動かすのは、義二の「フロンティア精神」を探るモチベーションだけである。今から六五年前、私たちが小学生のとき先生から教えられたのは、「君たちの祖先はみなフロンティア精神でいっぱいだった」という言葉である。

「フロンティア精神?」おそらく今でも北海道の学校教育は、その原点からスタートしているのではないかと推測する。

私の祖父と故郷を語ることによって「もうひとつの北海道移住」を考えてみたい。

第一章　幕末から明治にかけて

「時代とともに何かが変わっていく」

1　時代は幕末から明治に

祖父・義二は一八七七（明治一〇）年一〇月に長野県の一寒村で農家の三男として誕生している。時代は明治となってわずか一〇年後なので、あえて時代区分をしないが「幕末」から明治にかけて、日本の政治・経済状況はどうであったのかみてみたい。徳川幕府二六〇年における武家政治は終幕を迎え、いわゆる明治維新を経て日本は近代国家へと歩み始めたことは数多の歴史書でよく知られているとおりである。

実際には意見の分かれるところであるが、国家が形成される過程において世界の国々では、武力による「革命」が常套手段であった。またヨーロッパの一部では「市民革命」によって国家が成立した国もある。日本の場合は「無血クーデター」を指して一五代将軍徳川慶喜による大政奉還を評価する歴史家もいるが、本書は歴史書ではないので歴史の正否に与するものではない。

私もそうだったが、高校日本史で習う教科書的解釈では、明治の時代は文明開化や和魂洋才、富国強兵であり、殖産興業や四民平等、国会開設などをキーワードとして歴史の断片的な知識だけ学んだ。歴史教科書は古代から始まり、中世、近世へとすすみ、近現代は当然、単元にあるが、授業日程の関係で時間数が不足気味であり、扱いが中途になりがちである。私たちの場合、日本史は三年次の履修だったので卒業間際の受験や就職など進路決定時期とも相まって、あまり力が入っていなかったと記憶している。

むしろ三年次には同時に「政治・経済」や「現代国語」(明治の文豪たち)によって明治時代の社会的背景や政治体制、産業社会及び商取引の成り立ちなどを学び、私にとってはそちらのほうがはるかに興味深かった。しかし、実際には明治五年以降の地租改正令や徴兵令の改正、学制の発布など資本主義の勃興期に際し、これとて民衆の生活の負担となった事実はあまりふれられない。まして自由民権運動や足尾銅山の鉱毒で辛酸をなめつくした渡良瀬川流域の農民たちの姿をみて、日本の公害問題の原点である谷中村の滅亡に対して田中正造が抗議して天皇直訴した事実も覆い隠された。

一方で、国家ではなく地方の生活とりわけ庶民の暮らしぶりにおける社会経済上の諸課題はどうだったのか、もう少し視点をかえて考察してみよう。

「木曽はすべて山の中である」

明治の文豪である島崎藤村は、長野県・木曽村におけるこの時代の生活を『夜明け前』で著わした。有名な書き出しではじまる幕末から明治初期にかけての生活を文筆で構成した。馬籠の本陣を営んでいた登場人物たちの生活を通して（後に物語の主人公は長男の青山半蔵になるが）、封建時代から初期の近代国家へと移り変わる一地方の世相を描いた。

封建的家族制度や束縛された生活様式、地域社会の伝統・風土のなかで青山半蔵の生き方を描いた作品を通して、残存した旧体制と明治初期の開放感とに苦悩する姿を知ることができる。

私にとって興味深いのは、他家のこととして紹介されている一節である。

> 二代目惣右衛門はこの夫婦の末子として生まれた。親から仕来（しきた）った百姓は百姓として、惣領にはまだ家の仕事を継ぐ特権もある。次男三男からはそれも望めなかった。十三、四のころから草刈り奉公に出て、末は雲助（くもすけ）にでもなるか、末子と生まれたものが成人しても、馬追いか駕籠かきにきまったものとされたほどの時代である。

私がこの文章に惹かれたのは地域の違いはあっても、同じ長野県内に誕生した祖父は農家の三男として、本陣ではないにしても農業を継承し、地域社会で生きていく息苦しさに苦悩したのではないかと想像した。貧農であるがゆえ日々の生産を目の当たりにして、自立への願望が芽生えたのではないかということであった。また、村落社会が大きく変わることを藤村は次のように記述している。

> 庄屋名主らは戸長、副戸長と改称され、土地人民に関することはすべてその取り扱いに

変わり、輸送に関することは陸運会社の取り扱いに変わった。人馬の継立て、継立てで、多年助郷村民を苦しめた労役の問題も、その解決にたどり着いたのである。大きな破壊が動いたあとだ。いよいよ廃藩が断行され、旧諸藩はいずれも士族の救済に心を砕き、これまで蝦夷地ととなえられて来た北海道への開拓方諸有志の大移住が開始されたのも、これまた過ぐる三年の間のことである。武家の地盤は全く覆され、前年の十二月には全国募兵の法（明治五年徴兵令のこと、太政官布告は翌年一月）さえ設けられて、いわゆる壮兵のみが兵馬の事にたずさわるのを誇れなくなった。

明治初期、廃藩による士族の救済措置がなまなましく記されているが、庶民の日常生活をめぐる時代的背景や経済状況も、そして生産活動や生活実態も大きく変化していく。歴史研究の中村隆英の著書によれば、それより少し前、一八六〇年あたりから急に物価上昇になり、一八六二年あたりから猛烈なインフレであった。つまり幕末の時期から、その兆候はあった。（原　朗・阿部武司編『明治大正史（上）』東京大学出版会）

この時代はお米がとれない年が多く、しかも地方の農村では、小作人は自分の耕作している面積が少ない上、地主に小作料として払わなければならない。そうすると、生活が本当に苦しくなって、食べるものもなくなってくる。そこで百姓一揆というようなことが繰り返しあちこちで起こるわけです。これは一八六〇年代から一八七〇年代にかけてです。

従来は地主が土地を小作人に貸し、年貢としてコメを地主がとって、その年貢を地主が殿様に払っていたが、土地々々の慣行で、かなりいろいろであった。昔ながらの年貢でやっているのでは具合が悪いため、地租を全部お金で払わせる制度、いわゆる地租改正が一八七三（明治六）年から始められた。

近代国家のスタートにあたって社会制度や国家行政組織はまだ軟弱であり、地租改正によって、そのあたりを全部はっきりさせようとした。

つまり定額制だった地租が米価の変動によって地租は重くなったり軽くなったりするという性質を改めようとしたが、一八七六（明治九）年になって米価がたいへん下落し、全国的に農民一揆による減税の要求が強くなった。

結果として士族の秩禄処分、すなわち禄を取り上げてしまうことになり、これでは士族や農民層とも両方の怒りをかう状態になって、国内での問題が噴出したのである。

資本主義社会は支配階級と被支配階級との矛盾を残したまま、つまり封建時代における身分制や統治構造の残滓を払拭できないまま近代国家としてスタートした。現実は庶民の生活は苦しく、希望を持てないまま政治体制の転換、上からの近代化を急がなければならなかった。

『夜明け前』には、興味の魅かれる文章がたくさん記述されている。青山半蔵は商取引をするため、当時の横浜村へ出かけた。「横浜村はわずか6軒の集落であり」と描かれ、一五〇年前の横浜港が蘇ってくる。そのポテンシャルを生かし、外交や貿易の先端都市として、後々には広大な太平洋の向こうにあるアジア諸国をはじめ欧米大陸など海外に開かれた「国際港」として建設が始まったのは周知の事実であり、一八世紀以降の横浜の面影が偲ばれる。

作家の江馬修は生まれ育った飛騨・高山での出来事を「大農民一揆」と強調して表現し、

『山の民』を小説にしている。明治維新のさいに飛騨にやってきた梅村速水（はやみ）という急進的な知事に抵抗する農民の姿を描いた。明治初期は幕末からの藩閥政治の残滓から抜け切れず近代国家の建設を急いだため、いわゆる「上からの強権政治」に反発する農民たちの騒乱が日本全土にわたって頻発した。中央からの命を受けて、地方では知事が絶大な権力を「改革」と称して暴力的に農民層を拘束しはじめた。江馬の郷里では「梅村騒動」と言い伝えられてきたという。立憲政治が語られるのは、まだまだ後のことであり、この時代に民衆は封建制度に対して、「下からの抵抗」を組織化したのである。

祖父・義二も、そろそろ青年前期を迎えるころである。

農家の三男としてこの年頃といえば、日常の生活困窮を現実としてとらえ、そろそろ自立的な生産活動に夢を抱く頃だったであろう。社会の矛盾や政治のあり様、経済の構造的欠陥や労働の意味を問い始め、人生の行く末を自問したかもしれない。いやそこまで情報や学問、知識はいきわたっていないと思われるが、苦悩や煩悶ぐらいはしたであろう。あくまでも想像でしかありえないが現実生活の厳しさから脱却するため、「家庭や両親を助け」「社会に役立つ人間として」「長野県から飛び出しても」「県外に目を向けたい」といった伝聞を聴いて空想や夢物語を考えてもおかしくない年代に入っていく。

2　「明治の時代」とはどういう時代だったのか

司馬遼太郎が描いた小説群は幕末から明治近代国家への歴史的転換について多くの読者をひきつけ、特に『坂の上の雲』によって合理的で進歩的な明治のナショナリズムを知ることができた。語り手も読み手も同時に昭和期を生きる人間なので、司馬が語り継ぐ太平洋戦争と国家の責任いう意味で明治の時代との連続性を無視できない。小説家はフィクションとして創作するのであって歴史的事実を証明する実証的な手法は用いていない。そこは読者としても確証的な読み方は避けたいと思う。司馬は新聞記者の経験は豊富だが、従軍記者でもレポーターでもない。ただ文章家として、あるいは語り手として事実を伝え、高めるための価値を追究する取材力と史資料の読解力は質量ともに抜群であった。ただ司馬もまた太平洋戦争に参戦はしていないが、戦車に搭乗して軍事訓練を受けていたことはよく知られている。『街道を行く』では自らも足を運び、その土地の文化や風土、慣習などを作品としてシリーズで構成した。

日本の歴史をあまり勉強してこなかった私のような者にとって、司馬遼太郎の作品は社会人になってからも教科書のようでマニアックに読み続けた。

司馬遼太郎が亡くなってから私は司馬の自宅・書斎が残されている東大阪の記念館に通い詰め、現在も続く特集雑誌の発行を楽しみにしている。記念館は一般にも開放されて天井まで配置された書棚に無数の蔵書が詰まっている。街道シリーズで事前に資料収集したであろう全国の地方史や海外の情報誌もジャンルごとによく収集・整理されているのには驚きを隠せない。歴史家の博識とフィクション作家の好奇心が織りなすように執筆活動に勤しんだ司馬遼太郎の姿をそこに見出せるのだ。いわば司馬のファンになるわけだが、時代の表現者としての評価は私の読書能力では混沌としてしまう。

こうした司馬史観を渡辺京二は「小説的部分と歴史談義的部分の比重が逆転して、ほとんど小説の態をなしていない」と厳しく批判する。また、渡辺は「司馬は、明治日本のゼロから始まった近代化が成功したのは世界史上の奇跡にほかならないといいたいのだ。さらに、明治人はゼロからはいあがろうとする自分たちの位置を正確に自覚していたので、国運を賭した戦争を遂行する際にも、敵国と自国の国力について醒めた認識をもち、合理的客観的な思考を保ったといいたいのだ」と冷静に評論する。（渡辺京二『幻影の明治』平凡社ライブラリー）。

歴史家ではない小説家としての司馬遼太郎にわれわれは親しみをもつが、渡辺はいくつかの点で疑念・異見を持ち次のように言う。

ゼロからの近代化というのがまず問題で、明治の近代化の成功は徳川期の遺産によるところが大きい。司馬は徳川期の日本を停滞した圧制的な社会とみなし、また経済的に貧しい後進国とみなす点で、明治以来の近代主義史観を一歩も出ていない。また、昭和期の国家指導についても、神がかりの夜郎自大と単純化するのは俗見にすぎぬと思う。さらに根本的には、司馬に近代化を相対化する視点がまったく欠けていることにあきたらぬ思いが抑えがたい。

確かに徳川吉宗は、一七一六年から三〇年間かけて「享保の改革」を行った。米の生産量を増やし、年貢税率を見直すなど物価統制や財政再建策を命じて貨幣制度を確立した。これによって人材登用や都市対策がすすんだといわれる。それらをもって「徳川期の遺産」というには評価も分れるが、明治維新の前史として享保の改革から日本の人口は三〇〇〇万人を超えて飛躍的に伸びていった。

幕末から明治にかけて近代国家成立のために、さらに政治・経済の制度的改革が進んだ一方で、政治理念や思想もまた新聞や雑誌などの情報を媒体として多様な言論が飛び交った。現代社会を生きる私たちにしてみれば、知識人、自由人といわれる人たちが知識階級として論陣を張った時代とも言える。それは日本の各地で自由民権運動として噴出し、体現した時期と軌を一にする。日本の歴史のなかで、明治の時代は何もかもが激動的に「大転換」したことは理解するが、それはいったいどういう意味を成すのか不可解に陥ってしまう。なぜなら、明治国家は四五年間も続き、なかには一八九〇（明治二三）年一〇月、「教育に関する勅語」を発布し、明治二七年八月に日清戦争、三七年二月に日露戦争へと宣戦布告し、軍事国家へと歩みはじめ国民思想を啓蒙、強化に専心した歴史的事実は覆い隠せないからだ。

以後、軍事国家として兵力を強化し、「勝利」を鼓舞しながら世界的な帝国戦争に突入していく時代は、同時に徴兵制によって多くの農村青年を訓練し、多くの国民に窮乏生活を強いた。

色川大吉は『日本の歴史二一　近代国家の出発』（中公文庫）の中で次のように述べる。

明治という時代は、あらゆる層の人びとを、これまでの生活の束縛（いましめ）から解いて、志あるものを自由に活動させたが、その反面にはおびただしい敗残者の群れをつくりだした。維新のなかで定職をうしなった幾十万戸という士族は、家名再興の精神的負担をせおって悪戦苦闘のすえ、歴史の底にもがきつつ沈んでいったであろう。また、幾百万の農山漁村の民衆は、一家独立の日を夢みて故郷の村を去りながら、かえってちりぢりに離散し、社会の底辺のすみずみに吹きよせられ、声もあげずに死んでいったであろう。とくに西南戦争のあとのインフレと、一転して明治一五年から吹きはじめた未曽有の不況の嵐は、こうした人びとにはいっそうの苦しみとなってこたえたはずだ。

アメリカ西部の開拓をフロンティアあるいはパイオニアとしてとらえる庶民の「夢とロマ

ン」も、明治時代の文脈で考えてみれば、「明治初年の日本の辺境、北海道への移民も、こうした苦闘の国内版であった」と色川はいう。「屯田兵も民間移民も、もとをあらってみれば、故郷を追われた流民であり、一家離散をまぬがれようとした貧しい農民であり、戦闘に敗れ糧道を絶たれた士族たちであった」という。

本書のキイワードは「移住」とともに、日本の「人口減少」を見据えている。享保の改革が果たして「幕末」に区分できるかどうか異議あるところだが、社会の転換期であると判断して改革に踏み切ったのであろう。産業・経済の繁栄が進むと資本の蓄積が集中し、国民はより利便性の高いほうに人口移動する。そのため基盤整備として道路や鉄道、交通や通信の利点が強調され市民生活の豊かさを確保してきた。

人口は、いったん大規模な戦争や自然災害、感染症・疫病の発生、事件・事故に遭遇すると、多数の人命が喪われ、一時的に減少することは自明の理である。それでもなお日本は驚いたことに数度の戦前・戦中を経験したのにも関わらず、国民に「産めよ増やせよ」と強要し、人口増加策をとってきた。

日本の歴史を概観すれば明らかなように、経済の成長期には人口問題を乗り越え、明治維新当時は三三〇〇万人だった人口が、太平洋戦争の敗戦時（一九四五年）でさえも、七二〇〇万人と倍増した。一九六〇年代後半から、どのような事情があるにせよ、生産・労働・消費のマス化が進み、三大都市圏への過度な集中を意図した結果、日本の人口は二〇〇八年の一億二千八百万人をもってピークに達した。

一方、経済成長の陰で「負の経済」ともいえる環境破壊をはじめ、多くの社会問題や国民不安、経済格差を呼び起こしたが、それでも国家は若者の自立や子育て環境、身近な地域共同体のあり方に目をつむり「人口の減少」傾向に直接向きあおうとはしなかった。

現代の下降曲線は何もしなければ、このままでは止まらない。人口の総体数は急速に減少し続けるからだ。将来人口推計では数千万人の減少とも囁かれる。あとは自治体間での争奪戦が始まってしまう。果たして地方自治体にとって住民が幸せに暮らせる環境整備のために想定する「人口の適正規模」はどれくらいなのか。むしろ負担と分配の原則でいえば、現今の地方財政制度の根本的改革が必要であり、とりわけ国家と地方の関係にとって、戦後ずっと続いている地方交付税制度を改革すべきである。

社会の転換期に国民が求めているのは、より快適でより便利なＤＸやＡＩのデジタル技術革新であり、オンラインによる通信革命である。これまでの人間の働き方はますます変容し、個人の結婚観や家庭生活観、子育て観や教育観などまで人工知能が介在し、それらを包み込む地域社会は大きく変わっていく。地域的な距離間と時間差を埋めるには、それらに頼るしかないのだろう。現代社会における政治・経済体制はこれといった政策を用意していない。

総務省は『定住人口』でもなく、観光に来た『交流人口』でもない、地域の人々と多様に関わる者」を「関係人口」として想定している。地域イノベーションがすすむ中で、居住者の意思や仕事、人々の相互扶助、環境や自然との調和、新産業への挑戦など国家と市民・事業者との共同意思決定が果たして可能だろうか。

「ますます人口減少が進む時代をどのように受けとめたらよいであろう」、それを考える意味でも、明治期を生きた祖父・義二の北海道移住と現代を生きる私との対話・つながりを考えてみた。

3　義二の出身地　長野県上水内郡鳥居村

祖父は明治一〇年に誕生して少年期から青年期に至るまで長野県上水内郡鳥居村で過ごした。鳥居村は、この時代の町村合併によって豊野町となり、大正、昭和を経て現在は、「平成の市町村合併」で長野市の一部となっている。

現在、東京―長野間は北陸新幹線を利用すれば一時間二〇分で行ける。また豊野までは長野駅で、ＪＲ飯山線に乗り換えて四つ目の信濃浅野駅までは約二時間と便利になった。明治一九年に開通した「信越線」ではどのくらいの時間がかかったであろうか。豊野駅前にある旧豊野町役場〔現在の長野市役所豊野支所〕を訪ねた後、旧鳥居村を目指した。今でもリンゴの木が所々に植えてあり、広々とした農村風景が続く。千曲川から分岐した鳥居川と浅川に囲まれ、これらの河川の氾濫が住民の生活を苦しめたとは思えないほど今は河川改修や護岸整備、架橋も進んでいた。

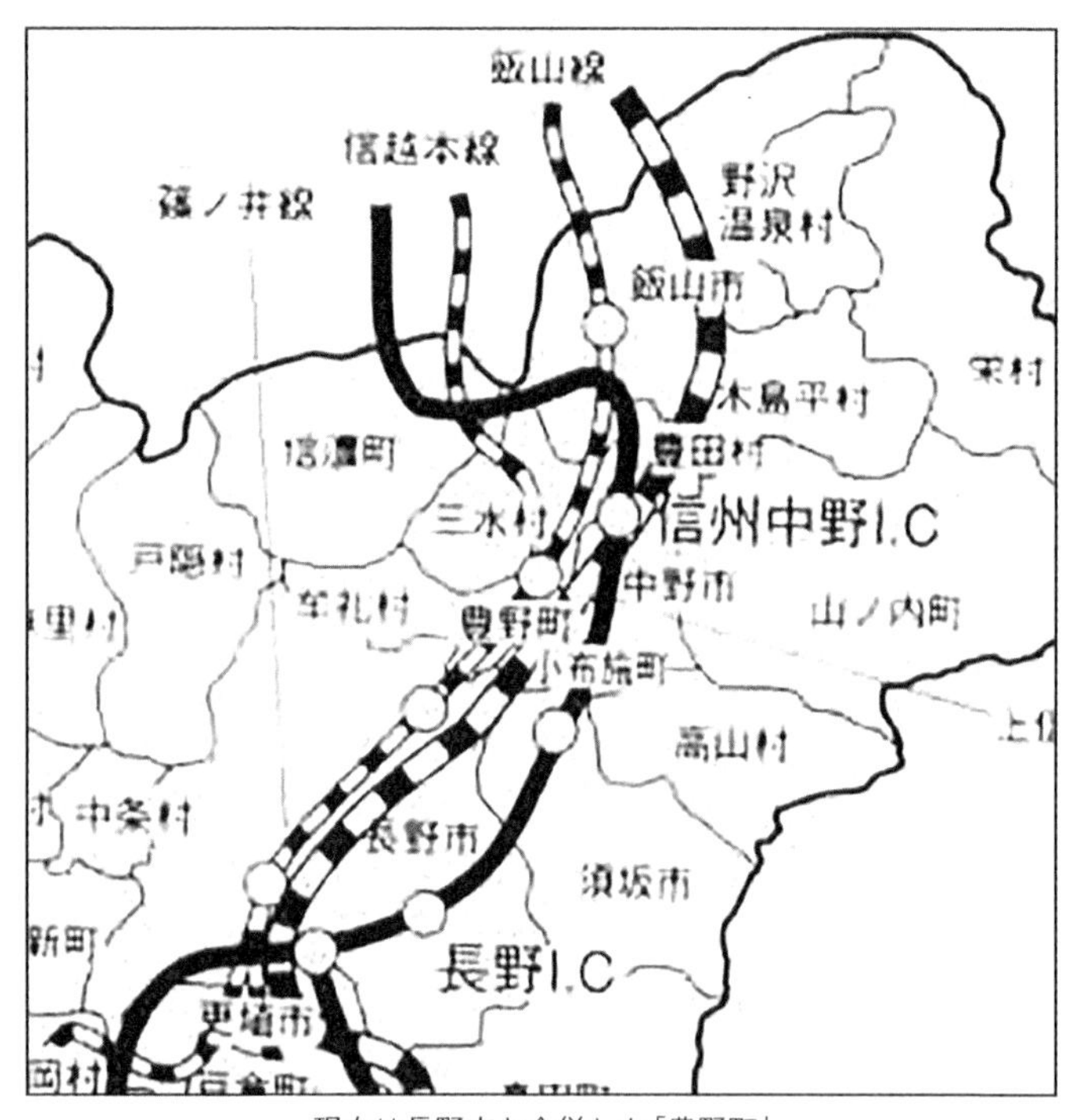

現在は長野市と合併した「豊野町」

豊野町の時代が長く続き、私が初めて訪れたのは一九七〇（昭和四五）年冬、大学二年生のころ、当時、信濃浅野駅近くに在住していた叔父・川野榮一（義二の長女であるタツ子の夫）を訪ね、近くの木島平や戸狩温泉でスキー遊びに興じたことを思い出す。この時、タツ子は六五歳、高齢夫婦二人で薬剤や雑貨を商っていて、榮一は、かつて町会議員をつとめた経験もあり、自宅の裏手にある稲荷神社の管理を任された信望のある方だった。タツ子とは従妹の関係にあたり、早い時期に北海道から長野県へ嫁いできたと伺った。私は一日中スキー場で遊んだ後、夕食を囲んでお二人と祖父の話をするのが楽しみで耳をそば立てて訊いていた。とても参考になって、おぼろげながら祖父の人柄や性格が記憶に残っている。また当時は薪で湯を沸かす五衛門風呂が珍しく、簀の子（すのこ）を足で押し沈めながら夜空の星を見上げ、入浴する幸せ感は何とも言えなかった。以来、毎年のようにスキーにかこつけて豊野町浅野まで通った。祖父に対して尊敬の念を抱き、私自身の家のルーツや家系に強い関心を持つきっかけになったことは間違いない。

もう少し、豊野町鳥居村についてふれてみたい。そのためには、いわゆる全国の各自治体が研究・編纂・発行する「町の歴史」を著した郷土史誌が参考になる。ここでは平成一二年三月三一日発行の『豊野町の歴史』（豊野町誌刊行委員会）を参照に記述した。

明治期に入って日本の地方制度のスタートは、一八八八（明治二一）年四月二五日に市制・町村制が制定され、翌々年には府県制・郡制が公布されたことは既に述べた。

特に市制・町村制の公布を急いだ理由は、明治憲法発布前の法律第一号をもって内務大臣の内訓に沿い、早急に町村合併を進めるため翌年度の二二年四月までに実施する必要があった。

この法律の目的は「府県・郡・市町村以テ三階級ノ自治体ト為サントス」というのが制定理由である。

長野県の町村分合と町村制施行もここから始まり、一九八九（明治二二）年一月二九日付けで内務大臣に内申書を提出し、「鳥居村」として同日付けで内務大臣から村条例第一号「区長条例」を許可されたとある。豊野町の東部は旧大倉村、浅野村、蟹沢村、川谷村の一部が合併して「鳥居村」となり、六月一日から新しい役場を浅野学校内に開庁し、吏員として三役のほか四人の体制での執務が始まった。なお、西部は「神郷村」となった。

当時の村の実情を知るため、財政状況を手がかりに読み解いてみたい。

鳥居村発足当初の明治二二年から二九年までの八年間、歳入歳出決算書をもとに財政状況を見てみよう。八年間の年平均歳入額は約一八四三円、その中心は地価割・戸別割・営業割の村税であり約八三パーセントを占める。歳出は一七一九円であり、単年度平均にすると五二円の黒字決算であったらしい。

しかし、この時代は村内を流れる鳥居川の氾濫や堤防の復旧が相次ぎ、財政運用は厳しかったと記録に残されている。たとえば　明治二九年七月二〇日の大水害は、鳥居川の大暴れに対する治水のため堤防の復旧や避難病院の病舎新築が行われ、住民を自然災害から守るための施設や設備の手当てに追われて財政は逼迫していた。

また、これより先、一八七七（明治一〇）年八月というから祖父が生まれる二か月前には、コレラ病が上海から日本に伝わり、全国で六八一七人の死者が出たといわれ、当時の豊野村や浅野村でも伝染病の流行による多数の死者が出た。

ちなみに記録によると、明治一二年三月には四国地方でもコレラが発生して大流行した。

全国で患者約一六万人、死亡者は約一〇万人に達したと伝えられる。これだけでは終わらず、その後明治一五年、一九年にもコレラは大流行し、こんにちコロナ感染に対する医療施設や医療・看護人材の不足など現代人が経験したと同様、一四〇年前、当時の人々の社会不安に対する検疫体制や避難病院・隔離病舎の建設に苦労した姿が偲ばれる。

いっぽう国土整備の基幹である鉄道建設は、どのように進捗したであろうか。

明治維新によって、新しい政府機能は京都から東京に移され、それと同時に二拠点を結ぶ幹線の鉄道計画は、当初、中山道経由を妥当とする案が有力となった。一八六九（明治二）年のことである。のちに変更になったが、長野県内を通る案が浮上した。

参考までに新橋・横浜間が部分開通したのは明治五年一〇月、京都・神戸間は明治一〇年三月、高崎・上野間は明治一七年六月ということである。

長野県内を通る鉄道としては、北陸と東京を結ぶ延長線上で有力視されていたが、「新潟〜長野〜中山道経由〜東京」間では信越国境地帯は難工事が予想され、路線計画は揺れていたらしい（明治一八年八月一日付、信濃毎日新聞）。いずれの計画でも「浅野」経由は通過点として名前があがっていたというので、鳥居村を始めとして周辺町村の期待は大きかったであろう。明治一九年になって鉄道線路は、ほぼ現在の信越線の経路に落ち着くのであるが、停車場は浅野ではなく、「豊野停車場」として決定した。

なぜ「浅野」は避けられたか、これも『豊野町の歴史』によると、

浅野からは鳥居川を渡り大倉地籍を通り、石村堰にそって浅野へでるように、浅川ぞいの低湿部は避けた路線となっていた。浅野からは鳥居川を渡り大倉地籍を通り、川谷を過ぎてからまた鳥居川を渡り牟礼へ出るという、地滑りの泥ノ木地籍は避けた計画であった。計画が変更される裏にあったのは、優良農地を潰されることを避けた地元有力者の強力な反対運動展開があった。とくに駅の候補地であった浅野村の反対運動の結果、豊野村中尾地籍の「豊野停車場」が決定した。

ここで注目したいのは、「計画が変更される裏にあったのは、優良農地を潰されることを避けた地元有力者の強力な反対運動展開」があった。「とくに駅の候補地であった浅野村の反対

運動の結果」とあり、停車場の位置が変更され、先祖伝来の優良農地を守ろうとした農民の心意気が感じとれる。

勃興期の資本主義は、つい十数年までの幕藩体制による封建的国家と比べれば、極めて生産的であり、経済活動・鉄道整備に支えられて、地方の生活も夢多き時代の到来を感じさせた。しかし、文明の恩沢に浴したのと引き換えに農民・庶民は農地や大地を取り上げられ、潰される圧政に不安を抱かざるを得なかった。

さらに祖父・義二が青年前期の頃、時代は大きく転換していく。政府は、明治二二年に戸主の徴兵猶予等を廃止するなど徴兵令を改正し、多くの青年たちを徴兵する国民皆兵主義へと動いていく。こうして戦争前夜を経て、日清戦争が始まったのは、一八九四（明治二七）年七月であり、翌年四月には日清講和条約を締結した。当然、戦費は膨らみ国家にも地方にも非常に大きな財政負担となった。

祖父の心情もまた大きく揺れたに違いない。

明治二六年には、新潟の直江津から上野まで鉄道路線が全通し、のちに日本の幹線の一つとして「信越本線」と呼ばれるようになった。したがって祖父は新潟もしくは酒田あたりから船で北海道小樽に渡ったかもしれないという私の仮説のほかに、信越線〜東北本線を利用した説もまた有効であろう。

そして再び三度、この地方特有の河川の氾濫による水害は、家屋・農地を奪い、復旧工事のため住民生活を圧迫した。再び『豊野町の歴史』によると、「一八九六（明治二九）年七月二〇日から二二日の昼夜にかけて大雨が続き、雨量は一七三ミリで明治期最大の洪水が発生し、また九月には二度目の洪水によって、鳥居川堤防復旧に鳥居村は四苦八苦、この年から県下に赤痢病が流行する」（五九四頁）との記録が残されている。

鳥居川の水害は千曲川の洪水といっしょに起こることが多く、また単独でも発生しているため、当時の信濃毎日新聞でも、「浅野中島組は家屋の浸水五尺となり惨状をきわめ、堤防破壊は三三カ所、橋の流失九、浸水家屋一一八戸、家屋崩壊一戸、流失家屋一戸、鳥居村の損害は一万七八〇〇円」と報じている。

その復旧工事のため、鳥居村や各区は臨時の賦課をおこなった。村人からは現金徴収のほか人足として労力提供もうけ、県から三〇〇〇円を借入、村人は冬の間に家族総出で人足に出て復旧工事にあたった。平年の村予算は一五〇〇円程度であったが、二九年の村費は六二六八円にもふくらんで、これは鳥居川の堤防復旧のためだった。この堤防は三〇年五月に一応の完成をみたと記録されている。

しかし、鳥居川の洪水はその後も、明治三一年九月、三二年九月と続き、三五年七月一六日の大水は、せっかく築いた護岸堤防をまた全部流されてしまったという。

こうして続発した災害によって鳥居村は大きなダメージを受けたであろう。土地・家屋への損害を受けて、安定した住民生活を送れない不安や将来への絶望は頂点に達したと思われる。とりわけ農家の三男として、激しく揺れ動く青年・義二の心情は、たとえ海のものと山のものともつかない新規開拓地の北海道に向かったとしても不思議ではない。

4　義二の誕生

二〇〇六（平成一八）年一月に八六歳で私の父・哲良が亡くなった時、稚内市に問い合わせて祖父と父の戸籍を改めて確認しなければならないことになった。

義二は、一八八七（明治一〇）年一〇月二二日に長野県上水内郡鳥居村で川野要吉の三男として誕生しているが、兄弟は多数いたらしい。現存する戸籍では、「原戸籍に依り母の氏名をとること能わざるに付　共記載省略」とされ母の氏名が空欄であるほか、兄弟の氏名も省略されている。「戸籍には明治三〇年一月二六日に「川野亀治より旁分家の届出」が提出されている。

島崎藤村の『夜明け前』にみるとおり、近代国家として帝国憲法の時代に入っても、前近代的な家族制度や集落の人間関係が続き、とりわけ農村部においては日本社会の慣習、しきたりが民衆の精神的束縛に繋がっていた。いやそれは大正、昭和初期から中期を通じてしばらく続いたのではないだろうか。義二は「二」のつく名前であるが、三男として生まれた。鳥居村での生活は、決して祖父を満足させるものではなかったであろう。

青年期から成人期にかけて人生を賭けた自立心が芽生えていく時期だったのかもしれない。「明日はどうなるかもしれない」不安と挑戦の両側面から北海道に渡って夢をかなえたい一心でフロンティア精神が頭をもたげてきた人生行路を選択した時期であろう。

これが北海道移住に対して夢とロマンを描き、生来のフロンティア精神とともに直接、出立するきっかけであったと私は考えている。

これまで述べた経緯から私が立てた仮説は、明治三〇年頃、つまり義二が二〇歳前後か、それ以降、父・要吉のもとを離れ、単身で北海道を目指したものと考えられる。

もう少し詳しく言うと、おそらく二〇歳前後に単身移住を決断した動機と目的、渡道の交通手段や経路、到達した北海道で二〇歳頃からの一〇年間あまり、何をされていたか。小樽や羽幌、留萌、苫前の「場所」とよばれていたニシンの漁場（現在の観光パンフレットでは函館から、これらの地を経て稚内に至る道をニシン街道と呼ばれて宣伝している）、あるいは北へ北へと向かい、利尻、礼文あたりの「場所」で「雇い漁夫」として働き、稚内に生活の拠点を移動させたのではないだろうかと推測する。

第二章　北海道開拓の始まり

「フロンティアでありたい」

1　明治初期

明治政府による北海道開拓の時代が始まった。明治の時代は四五年間という長期にわたるので、記述にあたっては便宜的に「初期、中期、後期」と三区分してとらえている。もちろん学問上の歴史的区分とは違い、祖父・義一が生きた時代背景を描きながら分けてみたので違和感があるのは否めない。

周知の事実であるとおり、北海道の始まりは明治期に始まったものではなく、先住民としてのアイヌ民族の生活、歴史、文化を的確に視野に入れ、松前藩が果たしてきた歴史の功罪を知ることが大切である。その事情は、歴史書ではないので詳しく述べないが、必要に応じてふれていく。ただ開墾、開拓にあたってアイヌ民族から学ぶ歴史の教訓、生活の知恵、地政上の知識などはとうてい先住民にかなわない。それらを力でもって収奪、搾取したのが松前藩のやり方だったことを忘れてはならない。

明治期を三期に分けるならば、単純に一五年ずつ分けるのも手法のひとつと考えるが、正式に「初期とは何年から何年まで」と区分してしまうと内容も領域化してしまい、事実の筆記が進まないので問題関心ごとに記述した。歴史は複雑に動いていくので事象によっては、前後している事柄や重複する年代がある。

2　正式な開拓団による開拓時代

一八六九（明治二）年開拓使が設置されて、明治政府による北海道の開拓政策が本格的に始まった。

その初代長官には鍋島直正（旧佐賀藩主）がつき、実質的にはその家臣であった島義勇（よしたけ）が開拓判官として札幌本府（首府）と周辺の農村の開拓に着手した。島はかなりの野心家で新政府の開拓予算として二〇万両（現在の金額に換算すると約一〇～一五億円相当といわれる）を計上して、箱館、札幌、根室、宗谷、樺太に分配し、陣頭に立って工事や各種作業を督励した。なかでも長い間、松前藩の悪習であった「場所請負制」（漁場）の経営を士族から商人たちに転換して、多くの漁夫を雇用した一方、経済行為としての収奪を制限したことで知られる。

一一月には「移民扶助規則」が制定された。それによれば移民の種類を「募移（官費による募集移住）農夫」「自移（自力移住）農夫」「募移工商」「自移工商」にわけ、それぞれ補助の方式を定めた。つまり移民形態を大別して「保護か自費か」に分け、農地開墾と農機具の確保を中心に、種子や食料の商いにあたる移民を保護した。明治初期は開墾する土地の条件があまりにも厳しいので移民の保護策を用いないと人が集まらなかったのだろう。

明治三年、本格的な北海道開拓に大きな影響を及ぼしたのは、箱館戦争で新政府軍の指揮をとった旧薩摩藩士の黒田清隆（樺太専任の開拓次官、のちに長官）であった。黒田はアメリカ開拓の技術、制度、資材の調達、人材の育成を学ぶため訪米し、同時にホーレス・ケプロン

（当時は現職の農務局長）を招聘して帰国した。

彼らの政治的指導力により「開拓一〇年計画」をたて、アメリカ農業の導入ばかりでなく、北海道全体の実地調査を行い交通・運輸・排水などに必要な道路や運河の建設また街区や駅の整備、生産や産業構造などに巨額の経費を投じて開拓に着手した。

北海道は気候的には寒冷地であり、遠方にある見知らぬ土地への可能性を信じて夢を描いても、生活手段の確保は人間にとって現実的な問題である。まず土地の開墾、家屋・住宅の建設、食料の生産にあたるにしても今日のような機械や運搬に全面的に頼るものは何もない。当然、あらゆる困難や災害を克服して労働に精を出し、知恵と工夫を蓄積して日々を暮らしていく算段は自ら生み出す必要がある。開拓使長官の黒田も本州のような生活の基盤づくりと安定を目指していたが、明治政府もまだ樹立したばかりで国民生活は決して順調とはいえなかった。

「今は苦しくても、その先にあるものは自分にとって幸せにつながるかもしれない」という思いで家族ないし団体あるいは単独で「移住」を考えたであろうか。生活に必要な情報や人々の伝聞や噂話は皆無であっただろう。明治の半ばには全国各県による宣伝物や地元新聞に掲載記事も出回ったが、明治初期ではまだまだ目や耳に触れるものはなかった。開拓使といえども黒田が北海道にいた日々は想像がつかないほど少なかったらしい。ほとんど東京にいたので、情報は政府関係者か、一部の経済人から国民に話が伝わったのではないだろうか。

「蝦夷」と呼ばれた北海道の開発は、当初、明治政府とりわけ黒田清隆開拓使次官（後に開拓使）の政策が混在するように頻繁に登場する。

黒田清隆は当初、樺太担当長官であり、一八七五（明治八）年に「樺太・千島交換条約」を締結した。樺太（現在はサハリン）及び千島列島を目前に控える北海道にとって、両島は産業・流通の発展と交通の拠点という地理上の優位性があった。その政治的判断の是非は、後世の日本社会にとって大きな歴史的意味があったことはいうまでもない。

もともと一〇年という期限付きの役所でスタートした開拓使であったが、後に開拓使長官に黒田が就任してからが実質的な始まりだった。明治一三年ころから開拓使の産業・土地等を民間に払い下げる計画が進められ、閣議決定した内容がマスコミに暴露された、いわゆる「官有物払い下げ事件」が発生し、今日でいう政界を揺るがす事件にまで進展した。だが開拓使としてやりかけた仕事がまだあり、黒田は北海道の発展は他府県と同じようにやっていくと決意し、ホーレス・ケプロンはじめアメリカから専門的な技術者を招き、牧畜やビール工場、農業機械の工場建設などをすすめた。しかし、政府内における大隈重信排斥に連動（明治一四年の政変）して黒田は翌年、参議及び開拓使長官を辞職し、内閣顧問の閑職に退いた。これによって政府内は伊藤博文を中心とする長州閥の主導権が確立され、開拓使も一八八二（明治一五）年二月に廃止された。こうして北海道は函館県、札幌県、根室県に分けられ三県一局時代を迎えることになった。

屯田兵や士族たち、それに集治監対策も一種の国策的な移住であるといってよい。

屯田兵とは、陸軍の兵士で北方警備と北海道開拓のために置かれた兵農兼備の軍隊である。移住のための旅費や仕度料、土地や住居（兵屋）、家具、農具などがあてがわれ、また最初の三年間は食料も支給された。一八七五（明治八）年当初は札幌周辺の琴似に入植し、続いて空知、上川、道東の村々に入って開拓に精を出したが、明治三七年に屯田兵制度は廃止された。

士族移民とは、明治前半に明治維新で失業した士族の保護（授産）と開拓を結び付けた政策であった。有名なのは仙台藩士で亘理（現在の亘理町）から有珠郡（現在の伊達市）に、岩出山（現在の大崎市）から当別に、白石（現在の白石市）から幌別郡（現在の登別市）に入っている。明治中期には各県と国が協同して各地の失業士族を政府資金で移住させた例もある。山形県や山口県、鳥取県などからも入植した。

集治監とは罪を犯した囚人たちを収容する現在の刑務所のことである。一八七九（明治一二）年には小菅集治監（東京）、宮城集治監（仙台）を建て収容していた。しかし明治新政府は、その政策に反対する一揆や士族の反乱、自由民権運動に加担した勢力などをも厳しく処罰した。そのため従来からの二つの集治監では不足し、彼らを反逆者として収監する必要が生じ、新たな集治監を北海道に建設した。

一八八一（明治一四）年に樺戸集治監、翌一五年に空知集治監、一八年には釧路集治監を建て、さらに分監として明治二三年に網走囚徒外役所（のちの網走刑務所）などが次々と建てられた。その理由は、囚人たちを北海道大地の開墾や道路の開削・敷設、その他炭鉱掘削などの肉体労働にあてがうため、看守とともに本州から石狩川上流へと押送された。ある意味、彼らも北海道開拓の一翼を担わされたのである。

明治一四年、赤い獄衣を着た集団が強制的に移送された様子が、今は吉村昭が描いた『赤い人』（講談社文庫・新装版）により、小説として読むことができる。

こうみると北海道開拓は、夢とロマンあふれるファンタジーというより、明治新政府による計略的な権力政治と近代的国家への迷走あるいは焦燥が透けて見える。


世界では、開拓というと新大陸発見以後の米国の歴史や日本人も苦難を強いられてきた南米諸国のイメージが強いけれども、人類の歴史において、どこの国でも先史時代は「開拓期」であり、人間の「フロンティア精神」をもって語られる。私自身も小学生の時からフロンティアの意味を問う教師の話に耳を傾けて感動していたことを思い出す。

開拓とは、まだ誰も入らない未開の自然や大地を自らの手で開墾し、狩猟や漁撈、または植物などを採取し、人間が生き残るため作物や動物とともに食料と水を確保し、居住し続けることと概念的には定義できる。そして居住の安全性、快適性、安定性を求めて人々が集まり（移民の形態）、相互協力することによって社会が構成され、永続性を求めて決まりをつくり（集落・共同体）、そのために必要な産業・経済活動が実質的に開始された。そうしたプロセスに果敢に挑んだ人間の本来の姿が生存性（生命維持）を高めていく「フロンティア精神」ではないかと私は考える。

二一世紀の現在でも、地球上のどこかで開拓に奮闘している民族あるいは国があるだろう。歴史は始まったばかりとしても一世紀、二世紀はすぐ経過する。その間、人々の生活をめぐる土地、風土、気象、慣習、文化、病気、自然環境などが形成、確立される。また時代背景や政治的条件の変化によって、技術、情報、通信の手段や方法は、またたく間に発達・進化し、経済・産業・交通基盤を大きく変えていく。百年、二百年は今日までの時の経過より一〇倍ほどのスピードで変わっていく。これは地球上の話だが、現今は宇宙開発もコンピューター駆使によって人間の思考結果能力・判断能力をはるかに超越し、今を生きる私たちの想像もつかない領域に到達しようとしている。運転手のいない自動車・バスの運行、患者が医師の前に着座していなくとも診断される医療行為、移動行為が伴わなくても世界旅行がリアルタイムで堪能できる動画配信、こうした仮想現実の社会を現代人はどう理解したらよいのだろうか。

祖父が長野県鳥居村から北海道に渡った動機や目的、意志はなんだったのか。一三〇年も経った今、私が解き明かそうとしている。そのためには本人からヒアリングする方法が一番良いと考えるが、今はすでに時を逸した。私の父母も亡くなり、親類もほとんど物故し、つまり私が一番年長になってしまい、開拓時代のダイナミックな歴史的動向とフロンティア精神は文献・資料等でしか考察できない現実とのギャップをどう埋めていくのか思考をめぐらしていた。

初期の開拓期において移民分類の仕方は、形態や種類、目的によってそれぞれ異なるため、さまざまなバリエーションが考えられる。私がそのような心境になって、初めて手にしたのは、『北海道開拓の（素朴な）疑問を関先生に聞いてみた』関秀志著（亜璃西社発行）であった。

3 どんな人が北海道に移住してきたのか

ここは関秀志の著書を参考に考察すると、

「保護移民」と「自費移民」

幕末（松前藩の時代）から明治中期くらいまで移民を受け入れることは初めてのケースで

あったので「保護」の立場を前面にしたが、その後、移民の数が増えたので政府としては対応に限界があったようだ。特に交通手段も多様になったので、移住地も地域的に拡大した。明治後期から道東・道北地方に開拓者を入れるようになると、自然条件がより厳しさを増すので、保護しないと人が来ないし開拓も進まない。それで「許可移民」という保護移民の制度を再開し、その内容は、移住のための旅費や小屋掛料、開墾料の提供、土地の耕作や農地に対する補助をして移民の生活安定に供した。明治政府の全面的なバックアップによる移民政策が展開された。

「団体移住」と「単独移住」

一度に多数の人々が移住できる団体移住が、圧倒的に多数を占めた。団体移住の制度は、一八九三（明治二六）年、三〇戸から始まった。年数を経るたびに政策的には徐々にペースダウンしたが、在住人口は増え、明治三四年における北海道の人口は一〇〇万人を突破したといわれる。

これは先に述べたとおり、本州の各県・各地域は自然災害や二度にわたる戦争（日清・日露）を経験して戦費がかさみ国家財政も厳しいうえに、人々の生活も地域も荒廃していたからである。

宗教団体なども日頃の檀家たちの苦悩を見据えたうえ、教義に基づく自分たちの理想郷をつくるべく北海道に移住してきた。なかでも仏教では浄土真宗が古くから北海道開拓に力を入れていて、農場をつくってそこに信者を入れた。北海道に浄土真宗が根づいているのはそうした事情による。川野家も浄土真宗を信仰していて、稚内市に今も残る大龍山法雲寺の檀家として過去帳に記載されている。

祖父・義二は明治三〇年代の中頃、北海道に渡ったと想定している。三九年には私の祖母にあたる鈴木クラとの結婚により住民登録しているが、当時、長野県から団体移住の可能性は低いので単独移住であっただろう。

4　どうやって北海道の情報を手に入れたのか

前述したように明治時代は全国的に北海道開拓・移住がブームになった。国の政策（国家的なプロジェクト）として、各府県の新聞に募集関係の記事がたくさん掲載された。タイトル・見出しは、「移住問答」「移住案内」「移民必携」「移住手引草」「殖民公報」「開墾及耕作の栞」と多種多様だったようで読者の心をつかんだ。

そのほか本州の地方新聞には、頻繁に北海道の開拓地の様子が紹介されていたという。新聞記者の体験的あるいは観察的なルポ記事も取材により掲載されたケースもある。

今日では案内書のようなガイドブックなども各県の県庁や郡役所、警察署に置かれ、多くの人々の目に触れた。本州から北海道に来るまでの経路、航路や鉄道などの手段や運賃までも紹介され、移住・開拓のための手続きや心がけ、生活費、持ち物なども細かく案内されている。

5　どうやって入植地まで移動したか

当初は入植地が遠距離の場合、ほとんどが海運であり、陸地は徒歩、荷物は自分で背負うか、馬に鞍をつけて運んだ。内陸部の交通手段は主に川舟で、江戸時代から明治中期の物資の運送はほとんど日本海ルートの北前航路であり、一部は太平洋航路もあった。

明治半ばになると、開拓地は道東・道北地方にも広がり、「団体移住」の制度も始まったので帆船から汽船になって海運も安定し、汽車と汽船を乗り継いで北海道に移住した人が多かったようだ。

そのほか農業、漁業、商工業など産業—職業別に従事する人たち、とりわけ漁業移民と呼ばれる層が増えた。北海道の産業は明治の半ばまで「場所」と称されるニシン漁の漁場で、一時的にも働く多くの人々が移住した。漁獲高が最高潮に達し、食料用はもちろん肥料や海産物として加工し、本州や遠くは中国、韓国へも流通した。

日本で初の鉄道建設は、明治五年に東京—横浜間にて官有鉄道として開通し、明治一四年には日本鉄道会社（実質的には半官半民であり、日露戦争後に国有化）が誕生し、一八九一（明治二四）年には上野—青森間が全通した。しかし、本州の各地域と違って、北海道の開拓、特に道路や鉄道の基盤整備や発展は試行錯誤の手探り状態がよく分かる。

二〇二二年に高校時代の親友が亡くなって札幌を訪れた際、一緒に墓参した友人から、「あなたのルーツはどこですか」と訊かれ、なんとも居心地の悪さを感じた。祖父のことは薄々と知ってはいたが、友人に語るほどの知識は持ち合わせていなかった。北海道には生まれてから一八年しか住んでいなかったということは理由にならない。神奈川県に半世紀も住んでいるため、過去のことはすべて忘れていたという実感がほとんどだった。書店で偶然に求めた関　秀志の著書が北海道開拓の歴史であり、読み進むうちに興味がそそられ、ある種の感動を覚えた。巻末に掲げられた参考文献も猛烈に読破し始めた。

北海道の初期の人口は、一八六九（明治二）年の時点において約六万人だったが、開拓使が廃止された明治一五年の人口は約二四万人だったという。また北海道庁が設置された明治一九年には人口三〇万人を数え、開拓以来、徐々に人口は増加していった。

以後歴史を重ねるごとに定住者は増え、一九一八（大正七）年が開道五〇年の年にあたる記念すべき年だった。先住民族の歴史をどう考えるかにもよるが、北海道史の起点をこの明治元年に求める歴史意識、すなわち「北海道に特徴的な開基意識の現れであり、半世紀を経て、道民の間にようやく開拓時代を振り返る余裕がでてきたということでもあろう」と述べる識者もいる。これはとりたてて北海道民だけの特徴ではなく、どこの都府県民でも感じる歴史観だろう。必ずしも人口推移だけが地域繁栄のバロメーターではない。単に増えていく数字の裏側には、「北海道開拓の苦難の歴史」と表裏一体のところがある。まさしく開拓に対する先人の苦難、特に先住民としてのアイヌ民族の言語や生活、文化を思いやり、尊重する姿勢が大切であり、メモリアルの意義をあらためて再確認することが重要であろう。

さらに詳述すると、それから五〇年経ち、開道一〇〇年を迎えたのは一九六八（昭和四三）年八月一五日であった。確かに人口は約六万人から約二一七万人へと爆発的に増加した。しかし、この人口数には先住のアイヌ民族は含まれていないので、やはり問われるのは歴史認識であり、行政庁を中心とした統計のとり方であろう。五〇年経っても、この日が選ばれたのは、明治二年のこの日に「蝦夷地」が「北海道」と改称されたからであるらしい。

今を生きる北海道人にはどこか口はばったい感じもするが、札幌市内（中島公園）で二〇〇〇人の関係者が出席した席上、開拓功労者として一三〇人の表彰式が行われたという。しかし、この日は日本が一九四五年に第二次世界大戦で無条件降伏した日にあたる。まさに月日が一致して開道一〇〇年にあたる「記念式典等は候補にのぼったが、多方面への影響を考慮して実現しなかった」といわれる。歴史の変遷は多種多様な事実を積み重ねて皮肉な足跡をたどり、世論は思わぬ方向に向かう場合もある。

北海道は水産業を中軸として生活の糧を築いてきた。とりわけニシン漁は食料として日常生活を支え、加工品として海外まで販路を拡大し、肥料として国内の農耕に供してきた。捨てる部分がないほど北海道の基幹産業として構造的に支えてきたのである。それが盛衰の歴史となって北海道の景況、生活水準も比例するように動いてきたが、昭和三〇年代以降、まったくニシン漁は壊滅した。それに輪をかけるように遠洋漁業も一九七七（昭和五二）年に設定された二〇〇カイリ規制によって水産業を主体とする北海道の海岸線の主要な街は「産業不振」「労働力衰退」「人口減少」というきわめて現実的な社会的課題を抱えるようになった。自立的な産業構造の転換が難しくなり、さらに北海道のみならず、首都圏一極集中を政策の柱とする国と地方の関係も少子・高齢化によって、さらに困難な時代を迎えようとしている。

第三章　国家の体制整備

「見ること聞くこと初めてだった」

1　明治中期

明治の初めは北海道へ移住する人口も増えはじめ、開拓の槌音が今でも聞こえてきそうなダイナミックなスタートだった。しかし、この努力が後々かたちとして実現するのか誰も想像ができないほど過酷なものだった。単純にフロンティアとは「挑戦あるいは先陣」と考えれば、一方でパイオニアとしての役割もしくはパイロット事業を指し、成功するか失敗するか、不安な時期ともいえる。他方で誰も踏み入れたことのない一歩と考えれば、心は踊り、期待感にあふれて心理的にも前向きになり、多くの人々は達成感に浸れる時期と思われる。

明治中期には、日常生活の安定のために経済活動の活性化策が必須であった。それは一つには産業基盤の確立であり、二つには国家及び地方制度の体制着手であろう。ご承知のとおり、日本の近現代史においても、この時期は近代国家へと歩み出す重要な政治的制度設計が動いていた。

黒田清隆は明治二一年から二二年にかけて第二代内閣総理大臣を務めるが、近代国家を標榜する政治体制は強固であったとはいえないため、否が応でも藩閥政治が続き、政治指導者はめまぐるしく交代した。

「薩長政府の専制を攻撃する自由民権運動」が同時に勃発し、その担い手の中心として地方では豪商や豪農など彼らが下から突きあげるエネルギーとなった。政府は、まず騒動は地方の問題として閉じ込め、民権運動をあるていど鎮静化したうえで、「自治」を吸収発散させる必要性もあった。そのため、「市制・町村制」、「府県制・郡制」を公布し、これによって本州では自治の体制が曲がりなりにもできあがった。

2　国家の体制、衆議院選挙、議会開設

同時に国家の体制は、明治二二年二月一一日に大日本帝国憲法を発布し、明治二三年七月一日わが国初の衆議院議員選挙が執行された。有権者は、国税一五円以上を納める男子四五万人のみで総人口四〇〇〇万人のわずか一パーセントを占め、その多くは農業を営む地主や自作農だったという。立候補者は約一五〇〇人で、全国二五七の選挙区から選ばれた衆議院議員は三〇〇人、五倍の倍率であったといわれる。第一回帝国議会は同年一一月二五日に召集され、二九日には天皇臨席のもとに貴族院で開院式をあげた。憲法は規定によってこの日から発効し、日本は近代国家として体制を整えていくことになる。さきに枢密院議長であった伊藤博文が貴族院議長として式次第を主宰し、時の首相は山県有朋であった。

国民期待のうちに開幕したが、沖縄、小笠原とともに北海道から一人の議員も国会に送られていなかった。その意図は、「将来一般の地方制度を準行するまでこの法律を施行せず」と言った、時の内務大臣山県有朋らの深慮遠謀だったらしい。

最大の焦点は国家予算であり、歳出予算案を減額し地租軽減資金に充てんする案が可決さ

れたけれども、地方制度が整わない北海道は、「まだ拓殖の途上にあり民力備わらず市町村財政等、国に依存する点少なからず、その進歩発達の度低く時期尚早」と遅れをとった（北海道議会史第一巻）。

北海道の新しい統一的行政機関の名称は、当初案の殖民局から北海道庁と改められ、明治一九年一月二六日には初代長官として元開拓判官で司法大輔の岩村通俊が就任して正式発足していたにもかかわらず、国会には北海道から一人の国会議員も送られていなかったという。遅れて北海道の地方制度は、道庁長官の下に郡区庁、その下に戸長を置き、区、戸長の諮問機関として総代人会を置いて、いわゆるタテの行政組織によって道民の生活を支配した。

ところで藩閥政治から脱却して国民国家へ向かおうとするこの時代にあって、当然、明治一四年の政変や中央国家―地方体制の整備という国内問題もさることながら、外交を中心とした条約改正交渉も視野に入れる必要があった。佐々木隆は、難しい設問と言いながら、つまるところ「明治とは何か」と自問する。（佐々木隆『日本の歴史二一　明治人の力量』講談社学術文庫）。

それは第二次伊藤内閣（明治二五、六年頃）で伊藤博文は上奏案を起案した文言のなかに「不羈独立（ふきどくりつ）」という文言を入れ、明治初年から三〇年代にかけて、様々な分野で様々な人々によって追求された。

「ある主体が他の主体から拘束・干渉をうけることなく自主性・主体性を保ち、自己決定権を十分に行使出来ること、またはそのような状態」のことである。単純化すれば「自分のことを自分だけで決められる状態」である。ちなみに「ある主体」「自分」には、国家・民族、党派・集団、個人・家など様々なレベルの政治的・社会的単位があてはまる。

そして「不羈独立」は明治の人々に広く使われ、熱望して止まなかったといわれる。西洋文明を生活の中に取り入れ、欧米列強に伍する教養・文化を率直に受け入れようとする近代国家への転換や独立への変化が予測できる。しかし同様に、前述した「明治とはどういう時代だったのか」を考えた場合、明治後期に起こした二度にわたる帝国戦争など他国の独立を踏みにじる行為は決して許されたものではなかった。佐々木は「不羈独立が国家的・国民的な関心事だったことを示す一方、十分に実現していなかったことを意味する。すでに実体として存在しているなら、事々しく言挙げする必要などないのである。不羈独立はそこに欠けているからこそ目標となったのだ」と的確な指摘をする。

3　北海道移民

北海道への移民問題では、明治一九年七月、函館に発生したコレラが全道に大流行し、亡くなった人は二五一五人に達し、天然痘でも九二五人がなくなった。初期には人口増もみられたが、災害や疫病による日常生活の打撃は一気に進む。

明治二一年六月には、岩村長官から永山武四郎へ交代し、この時点における北海道の人口は三五万四〇〇〇人で、移民に対する保護は廃止されていたが、景気変動によって没落した農民や工業従事者を中心に北海道移民の数は逆に急増していたといわれる。

道庁では、小農的自作移民の招募に関心を示し、団体移住者に対する特典、汽車、汽船賃の割引きなどの具体策を考え始めた。

具体的には、移住案内の刊行物を作成し広報・周知に努め、明治二二年に『北海道農業手引草』を発行した。明治二四年には北海道の気候、交通、衛生、農水産、鉱工業、商業などの概況、移住手続き、移住費など、さらに詳しい内容を列記した『北海道移住案内』を毎年刊行し、他府県の関係機関を通じて配布した。また同じ年には、道庁第二部殖民課が特別に『北海道移住問答』を刊行したとある。

このような移住者のためのガイドブックは、情報が少ない時代に行政や関係機関、地方新聞を通じて全国の移住希望者に力強いメッセージとなり、誘発する機会となった。

4　士族移住

これより先、開拓初期の明治四年五月、明治政府から開拓の許可を得て「トウベツ」の地に入植した仙台藩の岩出山支藩の元家臣たち一六〇名余りの苦闘を描いた壮絶な開拓の歴史は、小説『石狩川』（本庄睦夫）で知ることができる。まさに開拓というより、鬱蒼と生い茂った樹々や藪に阻まれながらの大地の開墾を命がけで切り拓いていく姿、すなわち土地と河川の氾濫との闘いの記録である。それだけでなく元家老の阿賀妻が開拓使役人と折衝を続ける姿や請負工事の難儀さを本庄は長編で描いた。「あとがき」で本庄は次のように記している。

おこがましくも作者は「石狩川」の興亡史を書きたいと念願した。川鳴りの音と漫々たる洪水の光景は作者の抒情を掻き立てる。その川と人間の接触を、作者は、作者の生まれた土地の歴史に見ようとした。そして、その土地の半世紀に埋もれたわれらの父祖の思いを覗いてみようとした。

例外的なケースとしては、奈良県南部の十津川郷は一八八九(明治二二)年に水害の影響を受け、土地いっさいを失い翌年には六か村が合併して十津川村となった。北海道開拓のため、樺戸郡新十津川村に入植したことも歴史的事実である。その足どりは徒歩で大阪に出て汽車に乗り、神戸港から小樽へは船を利用し、また汽車で現在の三笠市を経て、滝川まで歩いたといわれる。他の県の集団移住者たちも同様に北海道までの移動は困難を伴ったであろう。
また道東に集団移住したケースとしては、一八九七(明治三〇)年に高知から現在の北見・

訓子府の原野に入植した北光社開拓団〈四〇〇人〉がある。坂本龍馬の甥で直寛が社長だった。貨物船で小樽から稚内を回って網走沖に入る予定が流氷で接岸できないので稚内に寄港した。移住者のひとりである伊藤弘輔は、「稚内は防波堤がないので、海上大荒れと成ると船はがぶり始め、横に寝て居ると転ばし集め、縦に寝て居ると頭を板に釘付け・・」（原文のまま『宗谷海峡物語』）と当時の様子を記録に残している。北見地方で初の水稲の試作に成功し、特産物であるハッカや小豆・大豆の栽培で入植者の生活を守ったといわれている。

5　屯田兵

北海道の開拓といえば、「屯田兵」のことを語らないわけにはいかない。それほど北海道と結びついた屯田兵のイメージは明治政府の国策とはいえ、学校教育における歴史の教科でも繰り返し教えられた。実際、屯田兵とは何か、その本質を知ることもなく、私たちは屯田兵のおかげで開拓が始まったと認識していた。

「屯田兵」はその名の通り、農民である前に兵隊であった。屯田兵の入植は明治八年、琴似村が最初である。明治維新に至って、それまで功績のあった武士階級の権利を剥奪したのはもちろん、その後の戊辰戦争、西南戦争で敗れた多くの士族が、いわば「失業」して新しい時代に対応できず、廃業した藩士たちが生き方を模索していた。武家社会における階層は、もはや何の意味を持たず路頭に投げ出されたであろう。いまさら他の生産活動に従事するわけにもいかず、新天地である北海道にわたった。八雲（やくも）に入った旧名古屋藩、また余市郡大江村には旧山口藩、その他山形、鳥取などからそれぞれ入植地に入った。また北海道は列島の最北の地であり、辺境の守りには欠かせない軍事的警備隊として北方の守備配置も明治政府にとっては必要不可欠だった。

したがって戸主である屯田兵は、開墾と同時に「調練」＝軍事訓練に拘束されたという。もちろん国策である以上、一般的な集団移住者たちと違って土地や住宅、家具、農具も、食料も最初の三年間は支給された。特に最初の三ヵ月間は「生兵教育」といって、新兵訓練が徹底して行われた。調練が厳しかっただけでなく、入植直後の三ヵ月は開墾に明け暮れる時期であっただけに、時間的にも調練に拘束される負担は大きかった。北海道開拓は住民にとっても厳しい条件であり、それに専念させるため徴兵も免除されていたが、明治二九年には第七師団も置かれ、同三一年には徴兵制も施行されたので屯田兵制度は明治三七年に廃止された。

『遥かなる屯田兵―もう一つの北海道移民史』によれば、金倉義慧は次のように述べる。

明治二八年の香川県名簿によると、第二中隊の高橋伝治氏は、秩父別町に移住したと屯田兵名簿に掲載されている。それによると、「明治二八年四月中旬、土佐丸（輸送指揮官大島大尉）は、当時「異人船」とも言われ英国製であり、日清戦争で使った御用船のうち最大級のもので五四〇二トンであった。

三重県四日市港を出航し、紀伊半島を迂回して以後神戸、多度津（香川県）、今治（愛媛県）など瀬戸内海を西へ進み、博多から日本海へ出て境（鳥取県）、敦賀（福井県）に向かった。その後、東へ航路をとり、能登・富山県伏木港を最後に五〇〇名の屯田兵とその家族を乗せて日本海を北上、五月七日、小樽港に入港した。北海道の代表的な港もいまだ整ってはおらず、沖合から『はしけ』と呼ぶ小舟で波止場まで乗客を運んだ。屯田兵とその家族は北炭（北海道炭礦鉄道株式会社）の車輛、ふだんは石炭輸送に使われる無蓋の貨車に『うすべり』を敷いただけの無蓋貨車に乗り換え、鉄路、空知太に向かい空知川を船で渡って滝川に着き一泊した。さらに、そこから徒歩で江別乙を通り、スママナイ（現在の深川市稲田）から石狩川をアイヌの丸木舟で深川に着き一泊。そして五月十五日、山道を踏みしめて深川村字チックシベツの兵村にやっと到着したという。実に一カ月にも及ぶ長丁場で、やっと秩父別町に到着した。

6　ニシン産業

それまで北海道の開拓事業を進めてきた開拓使が廃止されたのは明治一五年だった。さらに事業を一体的に進めるため、一八八六（明治一九）年北海道庁が設置された。農業方面では、北見、十勝地方の開発、アメリカ式大農園経営の採用がはじめられ、漁業方面では、樺太の領有によって、北洋漁業の基地としての重要な地位を確立し、工業その他では、ビール醸造・鉄道などの民間払い下げによる産業資本の育成、定着化や社会基盤の確立が進められるなど目ざましい変貌をとげてきたのである。

明治前半までの北海道で全産業の王座を占めていたのは、ニシン漁を中核とした水産業であった。開拓初期は開墾を手入れするため、生活の拠点として内陸部が中心であり、産業基盤として炭鉱の開発と道路敷設が続いた。農業や鉱業の発展は水産業の地位を相対的に低くしていったものの、明治二〇年代になると、北海道の専業漁家も一万戸をこえた。

明治二二年から、五年計画の北海道水産調査が行われたが、初年度の調査結果『予察報告』によると、明治二二年のニシン漁期に道内各漁場が雇い入れた漁夫は、道内から一万八千人、道外から四万二千人で合計六万人、同年中の全雇い漁夫に占める比率は八割にも達したという。

ニシン漁はかなりの資本を必要とし、なかでも建て網に手を出せる親方は、ほんのひと握りといわれる。そこで「雇い漁夫」として道外から雇い入れる場合は、給金の五割前後を前渡しするのが通例であるが多くの前金は踏み倒され、手不足になってしまう。雇い漁夫のほとんどは東北地方の貧農出身で、その場は逃げだしても出身地は分かっているので無事ではすまなかったといわれる。

社会基盤を支える産業振興は、いつの時代も重要政策であり、北海道開拓にあたって明治三〇年代までは漁業が首位であり、とりわけニシン漁が水産物の大部分を占めていた。最盛期の漁獲高は年産一〇〇万トン、その一部は身欠鰊などの食料に加工されたが、大部分は肥料の搾粕（しめかす）に加工して本州に移出された。したがってニシンは捨てるところがなく、すべてが有用な魚である。

化学肥料が普及する以前の日本農業の発達に大きく寄与し、ニシン漁業はその後も主産地を道北地方に移しながら道民の生活を支え、衣食住にわたり独特のニシン文化が形成されたのである。幕末以来、ニシン漁業は旧来の場所請負制により著しく発展したが、明治になり「場所」は廃止された。ほかにも漁業制度の改革が進み、単なる雇い漁夫ではなく、道南・青森・秋田地方から新開沿岸地域へ漁業移民・出稼ぎ者が進出した結果、漁業はめざましく発展した。

三〇戸以上の団体移住者に対しての保護、特典の設定を実際に各府県知事に通知したのは明治二五年一二月だった。その後、内地からの北海道移民が一種のブームとなるのは、明治二五年から一九一一（大正一〇）年までの三〇年間である。この間に来道した北海道移民の合計は一八八万七〇〇〇人であるが、出身地方別のベスト・スリーは東北地方から約七六万人、北陸地方から約五六万人、四国地方から約一四万四〇〇〇人となっている。

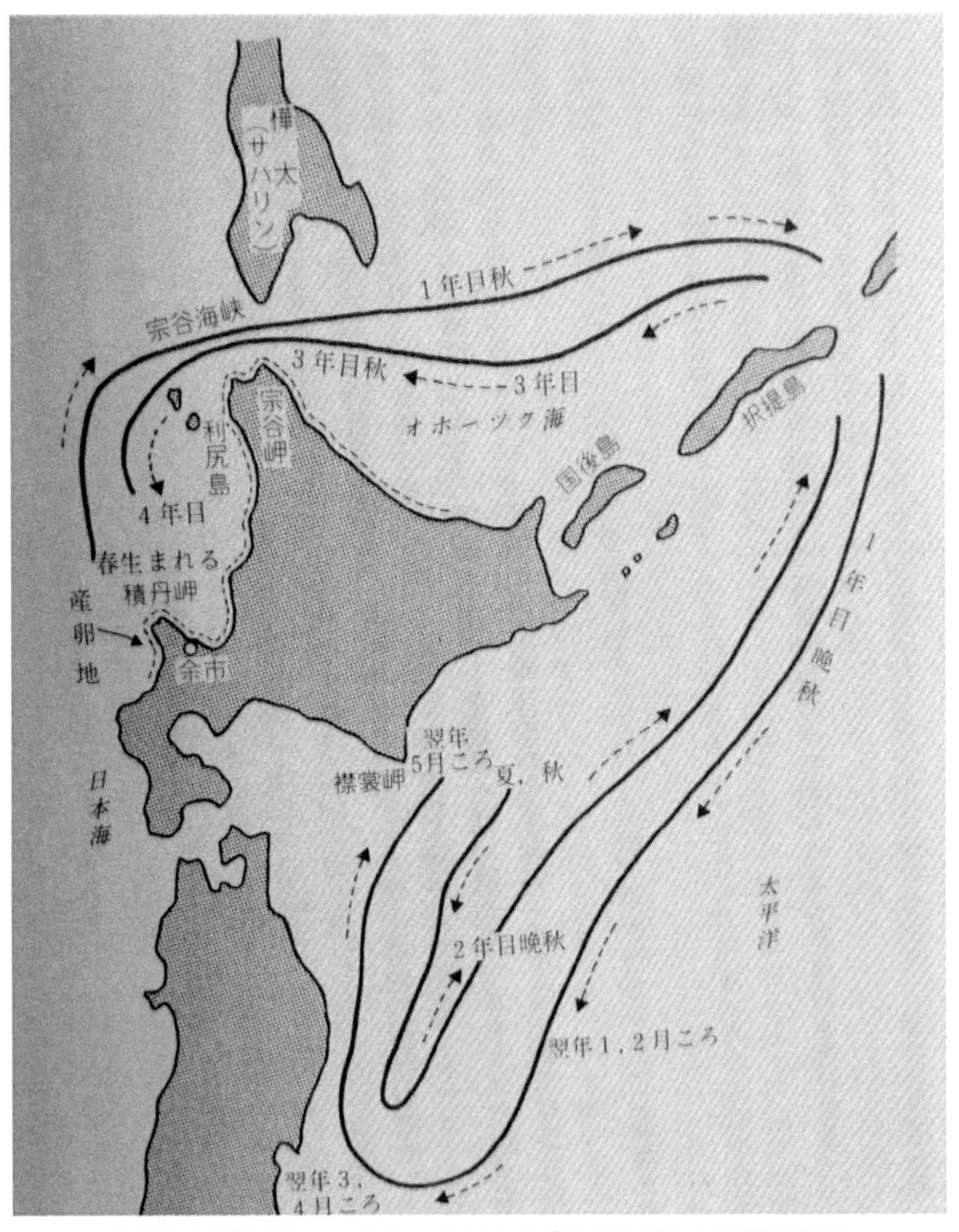

「春鰊の回遊図」　出典：内田五郎『鰊場物語』北海道新聞社

現在は松前から稚内まで「離島を含む」約700kmを「にしん街道」と命名した。
出典：観光マップ

移民の流れは、近代日本が経験した対外戦争の時期に集中しており、明治二七年～三一年、同三八年～四二年、大正四年～八年という三つのピークがある。最初のピークは明治三〇年の六万四〇〇〇人が最大であり、つぎは同四一年の八万五〇〇〇人、最後は大正八年の九万一〇〇〇人である。そしてこの時期を最後として、大正九年から北海道移民の流れは急激に衰えていった。

7　日清戦争

国家を形成するため、とにかく欧米列強諸国と肩をならべて近代国家に成長する重大な時期ともいえるが、政府・資本は、日清戦争（一八九四（明治二七）年七月～一八九五年四月）の戦役に国民生活を巻き込んでいく。戦争は軍費増大により、国家にも地方自治体にも非常に大きな財政負担が生じた。

明治政府は、朝鮮が農民反乱を目論む「東学党」を鎮圧する援兵を清国に求めたことを理由に、日本軍の朝鮮派兵を決定した。時の首相である伊藤博文は慎重な態度であったといわれるが、外相陸奥宗光は「断固たる措置をとる」訓令を大鳥圭介・朝鮮駐在公使に与えていた。

ただちに軍部が主戦論を唱え、大本営も設置されたが、当初から戦争目的及び交戦国が不明確な「故なき戦争」の火ぶたが切られた。

宣戦布告が不明瞭なら、一八九五年四月一七日の下関講和条約をもって終戦したはずが、公刊された参謀本部編『明治廿七八年日清戦史』では一一月三〇日となっている。条約では「朝鮮の独立承認」のほか、「遼東半島・台湾の割譲」も入っていたので、台湾全島の平定をもって戦争期間と決定された。

ここでは原田敬一による都市市民の生活と産業化について参考にする。

貿易と産業の発展は、人々の生活水準を上げていった。日清戦争から戦後にかけて、都市下層の収入は実質的に二〇%程度上昇し、主要食物も兵営や学校の残飯から、米食に変化していった。ただし安価な外米で、南京米（ベトナムからの輸入米）や開発が進んでからの台湾米しか購入できなかった。彼らの生活には、植民地の経済構造が組み込まれていった。地租改正、松方デフレ、地主制の進展という三重苦から都市スラムへ挙家離村してきた人々は、日清戦後から日露戦後の十数年の変化により、生活を緩やかに上昇させていた（『シリーズ日本近現代史㉑　日清・日露戦争』岩波新書）。

日本では民主主義の根幹である立憲政治がスタートしたばかり、その手法である政治運営の基本を語るには「言論の自由」を置き去りにしてはならない。政府に対するジャーナリズムの台頭が明治中期であるこの頃からみられる。それは文明開化により知識人の国民に対する啓蒙が海外から多数入ってきたことに起因し、学校制度が充実して国民文化を醸成・向上する動きと必ずしも無関係ではない。アジアを始め、帝国戦争による植民地の領有をめぐって軍事力の強化を批判するジャーナリズムが一斉に噴出した。

北海道でも小樽にある「北門新報」が明治二四年四月二一日に創刊された。いわゆるスポンサーである創立者は、小樽でニシン漁場と海産問屋を経営していた金子元三郎だった。七月二七日には中江兆民が主筆として招かれ、稚内・宗谷・樺太を訪れて取材するなど北海道のジャーナリズムも動き始めた。

第四章　第二波移民時代

「自分の道だから歩いてでも行きたい」

1　明治後期

明治後期になると移民の第二波が訪れる。

北海道へ移民を送り出す地域は、北陸地方から徐々に東北地方に移っていく。その分かれ目は明治三八年であるが、このころ東北地方は大凶荒におそわれ、東北各県はその対策として農民の北海道移住政策をすすめた。また日露戦争後の不況が重なり、国民の生活がますます不安定になったことも原因である。

大正期に入ると移民の第三の波がやってくるが、この時期もやはり移民は、西日本・地域からの移住に比べて、農民層への影響が甚大であった青森・秋田・岩手・宮城などの東北地方が多かった。

それぞれの移民の目的は、明治二〇年から大正一〇年までに移住した約一九三万四千人の四七・四%は開墾による農業目的であり、漁業（九・六%）、商業（六・六%）と続く。

移民の形態は、単独移住がもっとも多かったと想定されるが、農業移民は多人数の労働力を要するため、単独移住よりも団体移住の方が成果として期待できたであろう。これら移民の多くは、最初は条件にめぐまれた石狩を中心に入植し、次に「旧開地」と呼ばれる道南の渡島や後志に移住した。時代の流れとともに開拓地が飽和状態になってくると、道東の十勝や釧路へ、そして道北の天塩・宗谷などにも移住した。

明治初期はまだ内戦が燻っていた北海道だが、明治中期の日本は国際的に日清戦争を経験し、全国各地に部隊をおき兵力を確保していた。北海道にも当初、札幌におかれていた第七師団は、明治三三年以降、各部隊は旭川に移転し、同三五年一〇月に司令部が移転したことで師団の移転は完了した。この第七師団の旭川移転のさいに、その兵舎や官舎の建設予定地に隣接した近文（ちかぶみ）のアイヌ居住地の買収をめぐって、師団の建設工事を請け負った大倉組が暗躍し、アイヌ民族の追出しをはかろうとしたことは周知の事実である。

　現在は陸上自衛隊旭川駐屯地内にある「北鎮（ほくちん）記念館」となり、屯田兵や第七師団の歴史、陸上自衛隊の活動とともに北海道の開拓と防衛を資料展示して伝えている。また、これとは別に市内には旭川に入植した屯田兵の実態を伝える旭川兵村記念館もあり、旭川が「軍都」とも呼ばれた所以である。兵村への入植は明治二五年以降で合計四〇〇戸余り、家族を含めると二三三四人だったといわれる。

2　日露戦争

　日露戦争（一九〇四（明治三七）年二月〜一九〇五年九月）は、下関講和条約調印をめぐるロシア・ドイツ・フランスの三国干渉が実質的な引き金になったといわれる。結果的には日本外交が圧力に屈した失敗となるが、アフリカ分割を終えた欧米諸列強がアジアに目を向け始めるきっかけともなった。日清戦争後、清国と朝鮮は軍事的・社会的にも弱体化し、新たな極東における領有・利権が日本に集中したことに対する共同防衛を三国は約し、朝鮮の王妃殺害の事件に関与した疑いによる反日感情の高まりや賠償金支払いに困窮して財政的に破綻した清国へ共同借款を提供するなど日本との対立構造がますます深まった。

とりわけロシアは一九〇〇年以降、満州に攻め入り、鉄道の破壊や守備兵との衝突を繰返して権益を広げ、七月には満州に出兵し、一〇月には全満州を占領した。一九〇二年になって日英同盟が調印され、日本が韓国に特殊権益を持つことをイギリスに承認させるものだった。

政界の思惑や新聞・ジャーナルの沽券にかかわる信頼性と知識階級を中心とした世論が高揚し、三すくみで戦況に対する見解が沸騰した。満韓をめぐる日露の交渉は行き詰まり、重苦しい戦雲が深くたれこめる時代背景が続いたのである。一九〇四（明治三七）年二月一〇日になって天皇は宣戦の詔勅を出し、ロシア皇帝ニコライも対日宣戦を布告して開戦した。

この日から一年七カ月、ポーツマス講話条約調印の明治三八年九月五日まで、国内は再び戦争の大きな渦のなかに巻き込まれる。これによって当事国はもちろん、世界的にも脅威に陥れ、樺太を含む北海道だけでなく、国家及び地方自治体にも非常に大きな国民負担を強いることになった。後に樺太との関係で述べるが、大江志乃夫は日露戦争について以下のように指摘する。

日露戦争は、近代日本最初の大規模な対外戦争であっただけでなく、その戦争期間、戦争参加兵力量、同死傷者数、費消した戦費などを総合した場合、近代世界史上の主要な戦争をはるかに上まわる規模の戦争であった。その意味では、陸海軍ともに世界最新の装備と最大の兵力量を戦場に送りこんだ二国間の主力軍どうしが正面から激突した戦争として、本格的な帝国主義戦争の開幕をつげるにふさわしい戦争であった。(『日露戦争と日本軍隊』立風書房、一九八七年九月)

当時の庶民の暮らしはどうであったか。

「民衆は、増税にくわえ、ほとんど半強制的に国債を負担させせられており、『義勇奉公』の赤誠を示すものとして、その生活は戦争によって二重三重に破壊されていた」

「民衆生活にかかせない日常消費物資の価格は戦争によって著しく値上がりしており、

それはあらゆる生活必需物資にまでおよんでいる。そのため民衆は増税と公債によって、もてるすべてを奪われたのである」(『明治の墓標　庶民のみた日清・日露戦争』河出文庫)。

3　大規模な火災

戦争が引き起こす人災や降雪・豪雨・地震などの自然災害のほか、北海道はシベリアから吹き入れる強風の影響で、大火事による被害が異常に多い土地とされる。

明治元年から昭和一一年までの六九年間に起こった火災のうち一〇〇戸以上の家屋等を焼いた回数の全国統計をみると、東京(一四九回)の次に、第二位は北海道(一〇四回)である。ほかに静岡(六一回)、新潟(六〇回)と記録されるが、東京と北海道は以下を断然引き離している。(札幌管区気象台『北海道の気候』)。

このなかには過去一〇〇年間で世界最大といわれる昭和九年の「函館大火」も含まれるが、祖父が住む稚内でも市史には明治四四年、昭和三年、昭和五年の三度にわたる火災が「稚内大火」として記録されている。

祖父が営む店舗も昭和五年の大火で、当時の「繁華街」といわれた北浜通り一帯が火災で焼け出された。当時の町役場や郵便局にも延焼しているので水産加工業および海産商を営んでいた祖父の家や店舗はひとたまりもなかったであろう。家財道具一式、商売に関わる設備・道具のいっさい、書類、資料など財産のすべてを焼失した。私はもちろん生まれていないが、後々聞いた話では生命を取り留めるだけが精いっぱいで裸同然で逃げたという。

三度にわたる「大火」については祖父の店舗を始め、稚内の市街地形成の区画に関する記録とも合致するので後述するが、ここでは一八九三（明治二六）年五月におきた火災についてふれる。

「稚内南方市街地に大火あり、この大火を契機に道路を広め街の形態を改め北見国第一（当時は宗谷ではなく、北見地方に所轄されていた）の市邑（市村の意味）になったとあるが、この時の火災規模がどの程度であったか、また街の形態がどのように改められたかは明らかではない」と断ったうえで、「戸長は警察署に依頼して自由勝手に立てた草屋根の家屋を移動し、草屋根を柾葺に変えさせ街並みを整えようとした。しかし、その実現は容易に進まず、最後まで戸長の要求を聞かなかった家屋があったので近所の人たちが立ち退きを要求していた矢先の出火であった」と記載されている。(『消防史　稚内の消防』刊行委員会、平成一一年三月)

最北端の街・稚内は地形上、日本海側とオホーツク海側から強い風の吹く街である。また小高い山を背景として海岸線に挟まれ、這いつくばるように市街地が広がっているので、いったん火災が起こると大火になりやすい。明治中期から後期、家屋は草屋根が多かったであろう。それが後の時代にも稚内の街づくりに影響していく。

4　鉄道敷設、市街地形成

北海道における鉄道敷設と同時に、船舶の定期航路も進んでいく。

北海道では明治一三年に幌内(採炭地・現三笠市)と小樽(手宮)を結ぶ官営幌内鉄道が開通した。黒田清隆が招聘したホーレス・ケプロンは、開拓使に多くの技術者を呼んだが、鉄道工事を指導したのはクロフォードだった。事実上は空知集治監に収容された多くの囚人たちが炭鉱労働に加わり、手宮への石炭輸送のための鉄道だった。日本では新橋―横浜間（明治五年）、大阪―神戸間（明治七年）、釜石鉄道に続く四番目だったという。本州の鉄道は明治二〇年代、東北本線が青森まで延び、明治三〇年代には奥羽本線の福島―青森間が開通した。

また同じ頃、明治三〇年代になると北は旭川を越えて名寄まで、明治末から大正には、北は稚内まで開通した。稚内市の年表により、時系列に並べると、

一八八五（明治一八）年に日本郵船会社小樽・稚内間に定期航路を開く。

一八八六（明治一九）年に稚内港に初の小蒸気船が入港、稚内に移住者が激増し、街の形態がつくられていく。

一九〇六（明治三九）年に小樽・稚内・樺太定期航路開設。

一九二三（大正一二）年に稚泊連絡船運航開始（壱岐丸、対馬丸就航）。

一九二四（大正一三）年に北見線開通（現宗谷線）。

一九二六（昭和元）年に天塩線全線開通、北見線は（宗谷本線）と改称（九月二五日）。

一九二八（昭和三）年に稚内港駅（現稚内駅）開駅。

明治後期になると道内各地の川で蒸気船が走っていた（川蒸汽船）という。天塩川でもかなり上流まで行けたらしい。内陸部では石狩川も新十津川（滝川周辺）あたりまで運行していた。また沿岸部では、留萌、羽幌へは小樽や天売・焼尻島から就航し、稚内へは利尻・礼文島のような離島のほうから船便の利用が頻繁で、人や荷物の移動も盛んになって物資が行き届き、生活の向上や文化の発達がみられた。

したがって、仮説であるが、祖父・義二は明治三二年に住民登録しているので、明治三〇年頃（二〇歳頃であろうか）渡道したと考えられる。

長野県鳥居村を出て「北前船」の航路に乗船し、途中港にあたる直江津、新潟あるいは佐渡もしくは山形県酒田まで往き、そこから小樽へ、そして増毛、留萌、羽幌、天塩あたりのニシン場で雇用漁夫として働きながら宗谷・稚内へと向かったのではないだろうかと考えられる。

教育制度についてはどうだろう。これも関秀志の分析によれば、開拓集落に最初にできる公共施設といえば、やはり学校である。

最初はお坊さんの開いた説教所を仮の学校として、いわゆる寺子屋であり、現在でいえば塾のようなものであろうか、次に集落ごとに簡易教育所ができていった。ここでは本州と異なる北海道独特の教育形態というか、「簡易教育課程」や「特別教育課程」を設置して開校されたという。やはりいつの時代でも子弟に対する教育の場として、学校への関心は強い。

また学校の次は神社の創建ということになる。開拓民の精神的な結集、結束の拠り所となるのは神社であり、町の中心におかれた。天候や自然の摂理、生命の尊重や生活の安定などを祈願する場所であり、神を尊崇する拝礼や五穀豊穣を祝うお祭りが行われた。精神形成もまた神社・仏閣を中心に人々の心に受容されていった。

稚内に今も残る北門神社は、松前藩の請負人である村山伝兵衛が宗谷在駐の際、北門鎮護の守護神として建立した。創始にあたっては宗谷大神宮と称したことが伝えられる。明治二九年七月、現在地に社殿を移築し北門神社と称した。明治三五年に社殿を竣工したが、やはり明治四四年の大火によって建物が焼失した。

明治・大正期の移住者は東北・北陸地方の出身者が七割から八割を占めていた。ある人は大凶荒による貧困から逃れるため、家族とともに新天地での労働に精を出し、頼る先は神社・仏閣であり、北海道には浄土真宗が意図的に進出した。親鸞聖人が宗祖であり、命日には「報恩講」という行事を行う浄土真宗の信者が多い。祖父もその檀家であったので、私も子どものころは父母に連れられて家の近くにあった「法雲寺」に通った。

今回、筆を執るにあたって、寺院の過去帳を調べ、現在の住職にも話を伺ってきた。確かに市内には浄土真宗に限らず寺院が多いように感じる。想定するには命がけで開拓、開墾にあたって渡道してきた子孫なので、身内の安全や生活の安定、そして街の繁栄を願い、次世代の育成に寄せる思いは強いものがある。また水産資源を生活の糧に据える業種の人たちも多く集まったので、海洋の沈静・安全を守り、共同しなければならないため信仰に向き合ったのではなかろうかと考える。

開拓にともなう市街地が形成されるまで、まず必要なのは駅逓（えきてい）で馬を配置し、人や荷物を逓送する施設である。宿屋や商売ができるお店は、経済的・産業的に重要であり、海産商や農作物を扱う米穀商、材木商、荒物屋、小間物屋、金物屋、古物店、果物・乾物店、魚店、質屋、湯屋、酒屋、精米所、お菓子屋、大工、柾屋・屋根屋、建具屋、木挽き（製材業）、鍛冶屋、社橇大工、蹄鉄屋、桶屋、左官屋などだったといわれている。

5　拓殖計画

北海道の「拓殖計画」について述べてみよう。

本州では、明治二一年に市制・町村制が敷かれ、翌年には府県制・郡制を公布した。大日本帝国憲法が発布され、いわゆる地方自治の体制が曲がりなりにもできあがり、七月には、わが国初の衆議院議員選挙が執行された。

遅れて北海道の地方制度においては、道庁長官の下に郡区庁、その下に戸長を置き、区、戸長の諮問機関として総代人会（地域の有力者）を置いて、いわゆるタテの行政組織によって道民の生活を支配した。郡役所は一八九七（明治三〇）年に廃止され、北海道庁の出先機関としての支庁制度に変わり、現在も継続している。

さらに北海道は独自の町村制を敷いた。明治三三年から一級町村制（人口五〇〇〇人、一〇〇〇戸以上を基準とする）と、明治三五年からは二級町村制（一級に満たない基準）を加えて行政機能を区分したが、これは一九四三（昭和一八）年に廃止された。

明治四三年三月九日、『北海道経営案』が国会を通過し、一般的には、『北海道拓殖一五カ計画』、または『北海道第一期拓殖計画』というべきだろう。明治四三年度から、向こう一五年間に国費総額七〇〇〇万円を投入する計画をたてた。これによって道路六九〇〇キロメートルを開削するとともに、小樽、釧路、留萌、函館、網走、稚内、室蘭、根室の各港湾が修築された。

さらに国有未開発地など一六四万ヘクタールを新たに払い下げ、もしくは貸し付けて開墾した。その他の施策と合わせて、人口倍増計画により一五三万人から三〇〇万人へと増大し、いわゆる地方自治の体制が曲がりなりにもできあがった。以後、昭和二年度からの『第二期拓殖計画』に引き継がれた。

このようにダイナミックに動いたのも、明治三四年から『北海道一〇年計画』というのがあったが、達成率は五〇％だったため四二年度で打ち切り、改定にあたってテコ入れを図ったものと思われる。

北海道の開拓は大正時代がピークになるが、そのきっかけはヨーロッパで起こった第一次世界大戦によって世界的に食料が不足し、日本の農産物が非常に高く売れるようになったからといわれる。特に値段が高騰したのは豆類、馬鈴薯澱粉であり、開拓農家はこぞってイモ（馬鈴薯）、豆類を作付けした。

そのあと戦後の不況がきて農村は不況に陥り、冷害や大水害など気象の変化に伴う災害にも見舞われた。この時期は、一方で開拓による生活の繁栄が軌道にのり、他方で負の部分が同時並行して北海道の近代史における「どん底状態」ともいえる。世相的には、その延長線上でやがて日中戦争、太平洋戦争へと突入する暗い時代に入っていく。

第五章　長野県から北海道稚内へ

「もっと広い世界を見たい」

1　稚内へ

私の自宅に唯一残された一枚の肖像画は「もっと広い世界を見たかった」と私に語りかける。祖父・義二が亡くなった時の年齢は七三歳、くしくも本書を綴っている私はその年齢を超えた。

じっと肖像画をみていると、すでに人生の苦楽や盛衰を乗り超えてきた柔和な表情であり、顔の形、雰囲気は六〇歳ぐらいにも感じるのは贔屓目だろうか。なぜこの肖像画しか残されていないのか、私は祖父に問いたい気持ちを抑えて自分自身のルーツを調べ始めた。

長野県で生活した時代より楽な生活を求めて北海道に渡り、一攫千金とは言わないまでも北海道開拓に夢を託し、そのために移住したギラギラした表情ではないことは理解したい。移住は成功か失敗か、それは誰にも迷惑をかけたくない、自分で決めるという意志の強さも感じる。

二〇歳代にして一つの大きな決断を迫られた明治の時代ではなく、交通・通信・物流の進んだ現代ならば、海産商の経営をもっと功利的に、そして遥かに豊かな人生を送れたかもしれない。しかし、それは叶わぬ夢であり、七三年間の人生を全うした祖父の満足感を今の私なら分かりあえる。

祖父が亡くなられた年、一九五一（昭和二六）年一月、私は一歳八か月であった。膝の上に抱かれて、よく私に話かけていたと父親から聞いた。その時、もし私が祖父と会話できる年齢なら、逆に質問をしていたと思うがそれも叶わない。きっと昭和五年の「大火」で家財道具や商売にかかわる書類、財産をいっぺんに失った出来事や悲しみを乗り越えて孫に語りかけていたのであろう。それとも最北の地で、自分の店舗を思い存分、商いを続けた充実感でも私に語りかけたのであろうか。

私が本書の原稿を書き始めたと言えば、祖父は「私になんでも訊いてほしい」と応えたと思う。そこに不思議な縁を感じる。国家や北海道の歴史ならば歴史学者に任せればいい。私にできることは時空を超えて祖父から私への「語り」を聴くことである。

私は北海道生まれなので、てっきり「道産子」（どさんこ）と考えていた。どこかいい響きで、初対面の友人たちにもすんなり受け入れられた。たとえば長野県生まれの人は「長野っ子」とか、「信州っ子」とは言わない。でも北海道の開拓にとって一番必要だったのは馬たちである。速さが自慢の競走馬・サラブレッドではなく、農耕馬としての「日本在来馬」である。現在、日本馬事協会によると、全国八地域で飼養・保護されている八馬種が「在来馬」として登録されている。そのうち北海道和種馬が一〇八七頭で最多である（朝日新聞二〇二四年三月五日）。

戦時中には雑種化して激減したらしいが、それから数えて時代が流れ、何代か後には忍耐力があり、馬橇（ばそり）を力強く引く北海道産まれの馬たちをそう呼んだのかもしれない。北海道の町では「ばん馬競争」あるいは「ばん営競馬」といって、約一トンの荷を積んだ橇を引いて二つの障害物を乗り超えて着順を競う馬の大会がある。今では帯広市が経営する公営レースしか残っていない。雪の上ではない、土にまみれて重い荷俵を載せた橇を引いて「馬力」をパワーアップさせる。最近は、動物愛護の観点から多くの疑問が出されているようだが、この優等な馬たちを「道産子」と称した。木材を運び、田畑を耕し、北海道の発展を支えた。

昭和史研究の保坂正康は、ご自身も札幌出身で次のように言う。

北海道育ちならば誰もが体験する会話があった。わたし自身、中学や高校で友人たちとの会話のなかで「君の家はどこから来たの」との質問を受けることもあったし、わたしの方から発することもあった。たとえば、わたしの答えは次のようになった。親父は横浜育ちだけど、大学を出たあと仕事で札幌に来たらしい。おふくろの母方は屯田兵で広島から入った。父方は金沢の貧乏士族の末っ子で一旗揚げに北海道に来たそうだ。

そういえば私も友人や教師と交わした会話は同様であった。とりわけ先祖が団体移住や集団移住の場合は固い結束で結ばれ、ともに開拓期にあった苦労を分けあうように私たちも話した覚えがある。しかし、「道産子は三代続かないとそうは呼ばない」という話を訊いて、祖父そして父と続いたが私は一八歳の時、大学入学のため東京に出てきて以来、後半の人生は自宅のある神奈川県に半世紀以上も住んでいる。したがって私は道産子とは呼ばれない。

地方や郷土の歴史ならば郷土史家がプロ・アマを問わず、たくさんの蓄積がある。私のやっていることはいったい何のジャンルであり、どういう目的で成果を求めているのか、友人・知人からよく尋ねられるが、自分でも答えは出せない。オーラルヒストリーの延長線上とでも考えていただければそれでいい。

ただ私にも祖父の年齢を超えて、あとどれぐらいの余力が残されているのか分からない。私にも二人の息子と四人の孫がいる。彼らにとって同じルーツを持つ私の人生がどのような道を歩んできたか、知る機会になってほしいと考えている。

2　稚内の夜明け

稚内市によれば、「貞享年間（一六八四―八七）、和人による稚内の夜明けは、宗谷に始ま

り、松前藩が直領の場所をこの地に開いたのがきっかけ」だった。(『宗谷海峡物語』稚内文庫第一集、編集委員会)

近くの「天塩場所」を含めて大部分の場所が慶長年間(一五九六—一六一四)に開かれたのちも、宗谷は道東の霧多布(きりたっぷ)などとともに、いわば手つかずの状態がしばらく続いた。松前から斜里、樺太への中継の地の利から、「場所」の中心はもちろん宗谷の地とされた。

現在、日本の最北端の地として多くの観光客が訪れる宗谷岬の記念碑から八キロほど西には「運上屋」の跡などが確認されている。宗谷場所を最初に請け負ったのは、松前で廻船業を始めて成功し、初代の村山伝兵衛だったといわれている。

稚内地方での本格的ともいえる移住の始まりとなったのは、明治二年九月に開拓判官の竹田信順が東京府からの移民一〇〇人をともなって宗谷に入った時期である。しかし、彼らのうち八〇人が徒党を組んで乱暴狼藉を働き、翌年の五月には国費で旅費が賄われて送還されたという。移民のほうもこれで懲りたのか、その後、北海道開拓でつきものの集団移住は宗谷では二度と迎えることはなかった。

稚内に移住者を迎えるきっかけは、一八七六（明治九）年に漁場が開かれ、ニシンやマスを目当てにやって来た漁業関係者が定住し、やがて雑貨商らが店を開いて集落らしいものができていった。

一八七九（明治一二）年になって戸長役場は宗谷村のほか、稚内、泊内、猿払、声問、抜海の五地区の事務を執行し、宗谷、枝幸、利尻・礼文の三郡役所も宗谷村に設けられ、おおよそ今日の北海道庁における宗谷支庁の区域を管轄とした。宗谷に戸長役場がおかれてから一〇〇年、七月一日を稚内では、開基にあたる意義深い日としてとらえている。

その後、日本海を行き来する船が大型化するとともに、遠浅の海岸線である宗谷より、水深の深い稚内の方が脚光を浴びるようになり、明治二一年には人口、世帯数ともに稚内が宗谷村を大きく上回った。

先述したとおり全国的には明治二一年に法律第一号を以て市制・町村制が公布された。しかし北海道の場合、明治三〇年になって本州との違いはあるが、北海道区制や一級町村制、二級町村制を敷き、稚内村は一九〇〇（明治三三）年、宗谷村から分村して一級町村制が施行され、翌年五月から稚内町と改称した。稚内町と宗谷村は袂をわかってそれぞれの途を歩むことになり、宗谷村が衰退したのに対して稚内町は進展したといわれる。この時期は同様に室蘭、釧路、旭川、根室なども「町」になった。

一九七八（昭和五三）年七月一日に稚内開基一〇〇年を祝う記念式典が開かれたのも宗谷村に戸長役場がおかれてから一〇〇年目という事情からである。開基一〇〇年にあたり刊行された文献などには、

「一世紀の昔、この地の夜明けの鐘をならそうとしていた移住者らは、例えば、次のようなことを想像さえできなかっただろう。約四三キロメートルへだてた宗谷と樺太が氷河期には陸続きで、マンモスがここを通って襟裳岬まで南下し、これを追って狩人たちが北海道に渡来して置戸や遠軽などに白滝文化と呼ばれる旧石器の遺跡を残していたことを・・」と書かれている。

3　義二の家族

義二は、一八八七（明治一〇）年一〇月二二日に川野要吉の三男として誕生したことは第一章で述べた。日清戦争を経て、戸籍には明治三〇年一月二六日に「川野亀治より旁分家の届出」が提出されているので、亀治は長男かと推測するが詳細は分からない。分家してから北海道に向けて出立したということだろう。この時、義二は二〇歳と推測される。

一九〇四年に日露戦争が勃発して、国境のまち稚内の住民は緊張したといわれる頃、義二が二九歳の時、鈴木クラ（鈴木金作長女、稚内町ルエベンレモ在住）との婚姻届けが出され入籍した。届出は「明治三九年三月二九日川野義二と婚姻届出同日入籍」と受理されているので、祖父が北海道に渡ったのはそれ以前のことである。一九一八（大正七）年、義二の本籍は「稚内町北濱通五丁目」に転籍届出が出されているので、四〇歳前後に海産物を扱う商売として軌道にのりはじめ、自宅兼店舗を移転したと思われる。以後、「司法大臣の命に依り大正一五年七月一日　本戸籍を改製す」と付記されている。

祖父は以後、七人（二女五男）の子をもうけ、明治三九年一〇月には長女のタツ子、四二年には長男・義廣をはじめ、五男二女に恵まれた。長男はその後、満州に向かい南満州鉄道で勤務した。二男・忠一は旭川に出て一四歳で病没し、三男・幸三郎は室蘭に出て洋服屋で修業し、後年は札幌市琴似でテイラーを開業した。私の父親である哲良は四男として大正八年に生まれ同居していた。

祖母の戸籍をみると、「稚内村ルエベンレモ」とあり、「ルエベンレモ」という地名はアイヌ語で「西浜」という意味であり、現在は「西稚内」という日本海側の海岸線に面した町に所在する。

実は、この地名にヒントがあって、仮に増毛、留萌、天塩とニシン漁場を雇い漁夫として歩いてきたら、稚内の町に入る手前に位置する。日本海側は絶好のニシン漁場だった。かつて松前藩は「場所請負制」をしいて漁場を分けていたが、「場所」が消滅後、漁場はポイントごとに区画されていた。いわゆる漁業権として設定し、さらに細かく分離して漁場を管理していたのではないか想像する。

たとえば私も子どものころ記憶している「浜森」や「越川」の名称が古地図には記載されて

いる。その後、稚内港を拠点に底引き漁船を所有して水産業を営んでいた「浜森水産」や「越川漁業」という会社名と一致する。

こうした経過を踏まえると、水産加工業あるいは海産商として起業し、祖父は身欠きニシンや他の加工品とともに海産物を取り扱う工場や店舗を構え、独立を果たしたのは明治三七年から四〇年頃と考えられ、明治三七年設立の「稚内海産商組合設立七〇周年記念誌」（昭和四八年刊行）に設立者として名を連ねた年代と符合する。したがって祖父が起業したのは三〇歳前後の頃かと推測する。

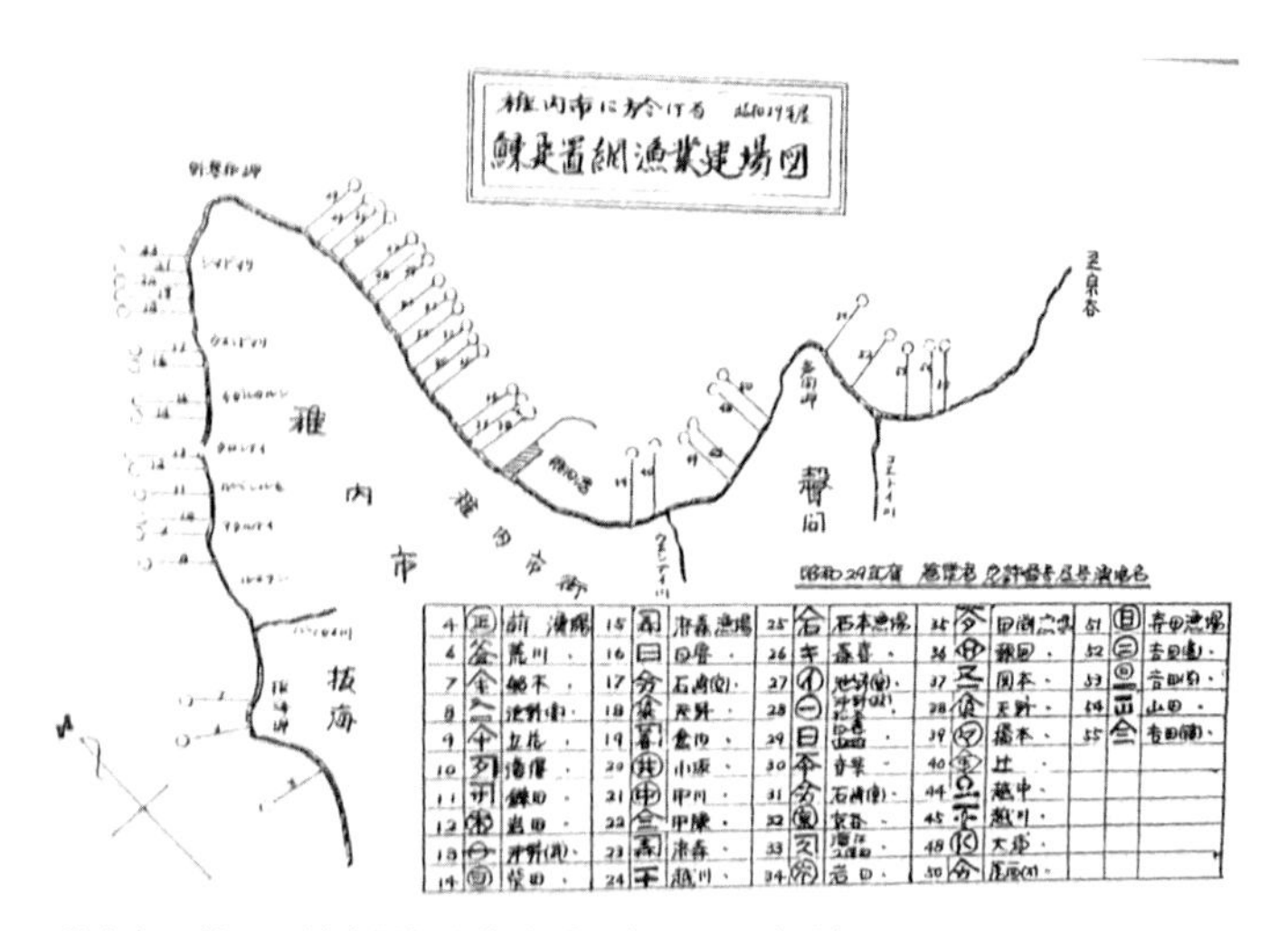

稚内市に於ける鰊定置網漁業建場図（昭和 29 年度）
出典：『稚内の鰊産業』稚内市教育委員会、ルエベンレモ（西浜）の地名が見える

今回筆を執る直接のきっかけとなったのは、『稚内百年史』（稚内百年史編さん委員会、一九七八（昭和五三）年発行）をめくっていた時である。それをみると、「明治三七年（一九〇四）、稚内海産商組合が設立されて七〇年経ち、『設立七〇周年記念誌』が発行された」とあり、「明治、大正期における海産商は次の人々であった」と書かれている。そこには四三人の氏名が列記され、義二は後ろから三番目に記載されている（氏名は「河野義二」となっていて、おそらく誤記であろう）。初期の人たちは、明治二一年～二六年ころ開業しているので、明治末期に開業したと予想される。記念誌では後の後継者にあたる方が当時の苦労話などエピソードとして座談会で語っているので、ぜひ手に入れたいと探したが不明だった。私としては店舗を営んでいた所在地と店名だけでも知りたいと思い懸命に探した後の調査で、昭和五年六月の古地図によって確認できたので次章で述べたい。明治一〇年生まれの祖父は明治末期、三〇歳前後に起業したとも考えられる。

「稚内のニシン沖揚げ」稚内市教育委員会提供

「ニシンの沖刺し網」稚内市教育委員会提供

4　五男の戦死

世界は一九一四（大正三）年～一八（大正七）年、いわゆる第一次世界大戦を経て日本は山東半島の権益を得、南洋諸島の委任統治が始まる頃である。

私の父より二歳年下の五男・定夫は大正一〇年一月に誕生している。その後、日中戦争、太平洋戦争と続き、まさに「戦争の世紀」を生き抜いた。しかし定夫は、「昭和二〇年三月三〇日、中華民國湖北省光化縣老河口附近において戦死」と記録されている。昭和二〇年三月といえば、あと五か月余りで終戦を迎えるはずだった。戦死した父の弟のことが気になって調べてみた。

北支那方面の第一二軍が京漢線の西側にある老河口飛行場を確保する作戦によるものだった。二四歳の時、なぜ、どのようにして亡くなったのか知りたい。私が生まれる四年前の出来事。それなのに終戦の詔書が宣言されるまであと五か月、なんとかならなかったのか忸怩たる思いだ。米軍と中国軍の戦闘機は来るべき日本本土襲撃に向けて活動を活発化し、周辺の鉄道および長江の船舶への爆撃が逐次激化してきたためにとられた「老河口作戦」という。いったんは飛行場と市街地を占領したものの、まもなく奪回され、叔父は戦死した。翌月になってから、無数の米軍爆撃機が中国国内から沖縄へ向けて飛んだという（笠原十九司『日中戦争全史』高文研、二〇一七年九月）。会ったこともない叔父、なぜ戦死したのか。「ひとえに日本軍は、引き続き占領、統治する兵力が足りなかった」と記録されている。たった一人の死でも、身内にとってはこんなに悲痛な話である。

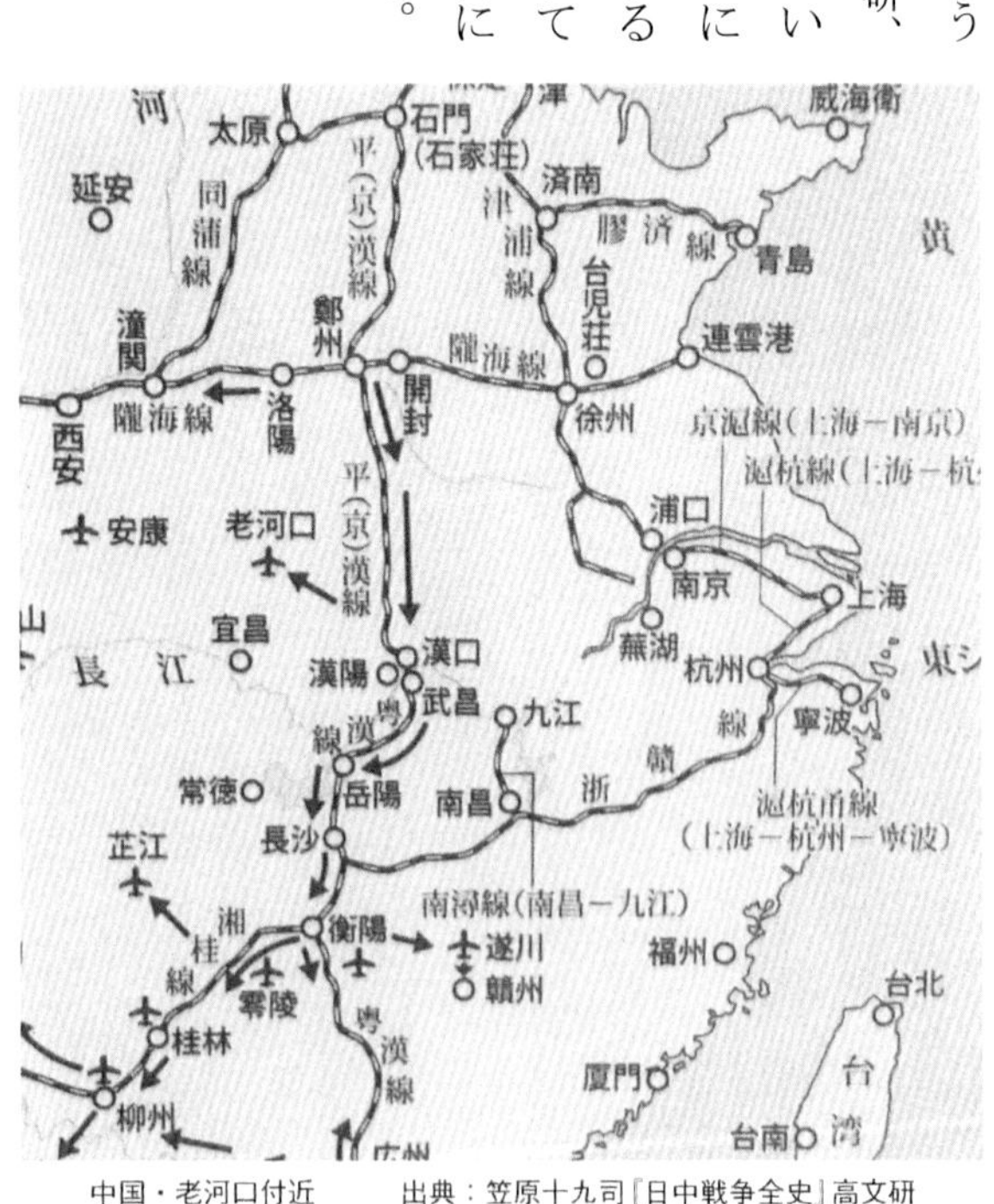

中国・老河口付近　　出典：笠原十九司『日中戦争全史』高文研

5　当時の暮らし

祖父・義二がどういう生き方をしたのか、それをなぜ知りたいのか、調べる動機となったことをふり返りたい。私が四〇歳を迎えたころ、サラリーマンとして第一線で働く中で充実感を感じながらも、同じ北海道出身の作家、小説家の書物を読み始めたことだった。北海道に関係する小説家といえば井上靖や伊藤整を思い出すが、たとえば稚内を通り過ぎて樺太へ向かった林芙美子や宮沢賢治もいる。

今では「日本最北端の街」として観光案内している稚内であるが、古くは樺太を踏査した間宮林蔵や松田伝十郎もこの町を通過した。もちろん先住民としてアイヌ民族との関係はあったが、本格的な帝国戦争といわれた日露戦争後のポーツマス条約によって北緯五〇度以南は日本が領有した。つまり稚内は「最北端」ではなかったのである。しかし歴史の秒針は逆回転して太平洋戦争に敗戦した日本は終戦後、連合軍に加担したロシアによって樺太は侵略された。

つまり現代において宗谷海峡は「国境」として位置づけられ、私が少年の頃は北の防衛線として米軍基地がおかれ、自衛隊の巨大なレーダーがもっと北を睨んでいた。ここでは触れないが、わずか四三キロメートルしか離れていない樺太との海峡は日本海とオホーツク海が挟み込み、水産業を営んでいる人たちの間では絶好の漁場であった。そのため海域をめぐって絶えず緊張関係があり、現に一九八三（昭和五八年）大韓航空の民間機がソ連防空軍の戦闘機によって撃墜され、乗員・乗客合わせて二六九名の全員が命を失ったうえ漂流物が日本側に流れ着いた。

とりわけ私が愛読しているのは、旭川に在住し多くの作品を残した三浦綾子の小説である。だれでもご存じのように三浦は朝日新聞が募集した小説『氷点』がベストセラーとなって、北海道に関連した作品を次々に発表した。すでに肺結核と脊椎カリエスを併発して病魔に冒されていながら元小学校教師の経験を生かして、あの小さな体のどこにエネルギーが蓄積されているのか、見た目には分からないけれども、特に戦前のきな臭い時代を主題に筆をとった『母』や『銃口』は私自身の印象度もすこぶる高い。

私は三浦綾子が表現した主題と祖父・義二が生きた時代を重ね合わせて考えるようになっ

た。北海道は明治初期、日本が近代国家へのうぶ声をあげてから、まだ一六〇年である。つまり新天地として開拓と移住をベースに「これから創り上げていく」希望と苦難が交差していたと思う。夢とロマン、フロンティアといえば聞こえはいいが、必ずしも歴史の軸は規則正しく回ったわけではない。

しかし私自身も受けた小学校教育は「君たちの祖先はフロンティ精神にあふれた人たちだ」と教えられ鼓舞された。「少年よ！　大志を抱け」とも言われた。先生は私たちに誠実に接してくれた。祖父や父をお手本にして、大地や海、自然を大切にして伸び伸び生きなさいという教えと受け止めている。

でも三浦綾子も指摘するように、暗い歴史の足音はコツコツどころか、竜巻のような轟音を残しながら私たち庶民の子どもを追いかけてきた。特に私の小学校時代は同学年三〇〇人近くいながら、一度もクラス替えはなく、担任の先生は二人しか経験していない。それでも必死に私たちを守ってくれようとした姿は記憶に残っている。小学生なので、それは何だったのか、具体的な出来事では思い出せないが、いま三浦綾子の小説を読み直してみると、教師は歴史に忠実に真実を教えようとしてくれた。漠然とであるが善と悪、正しいことと間違ったこと、優しさと悲しみ、今では理解できそうな気がする。

そこで祖父・義二の生きざまに真剣に向き合う感情が沸々と湧いてきた。

なにもかも豊かな現代生活とは想像もつかない、また比較してもまったく無意味と知りつつ、当時の時代背景を映したリアリティを三浦綾子『嵐吹く時も』(新潮文庫)から参考にしたい。

海産業を中心に移住した家族の物語は、時代背景や北海道での生活状態など詳細に叙述し、私にとって祖父・義二のフロンティアを探す意味でも参考になった。実際に三浦綾子は多くの史資料を駆使して、小説を文学的視点から構成して創作した工夫が伝わってくる。時代設定は明治四〇年頃の話なので私の祖父は三〇歳の頃、もうすでに稚内にいたであろう。とても参考になって私自身が回想できる。

舞台は、北海道「苫幌村」(実際には現在の「苫前町」をイメージ)、羽幌と留萌の間にある町で、天売島や焼尻島の目の前に位置する。時代は明治から大正にかけて、ニシンが豊漁で「苫幌」に移住して旅館業を営む夫婦、家族の物語である。天皇崩御(明治四五年七月三〇日)を経て明治から大正へと時代は移っていった。もし祖父が「苫前」に移住していたら、たぶんこのような生活だったろうと推測できる。少し引用してみよう。

「徳川幕府が三百年つづいて、明治維新となった。それからまだ四十年と経ってはいない。一年前の明治三十八年九月五日、日露講和条約の調印が行われ、十月十六日批准公布された」

「ふだんの仕入れのほとんどは、能登半島からの月に二回の定期船でこと足りた。定期船は日本海岸の主な港にやって来て、苫幌村の沖にも停泊した」「まもなく三月だが苫幌の冬はきびしい。きびしくはあっても、浜の春は山間の村々より一足早く来る。それは、三月も末になれば鰊漁が始まるからだ。その鰊漁の一カ月前には、毎日四人五人と、ヤン衆と呼ばれる鰊場の漁夫たちが本州からやって来る。それが春の始まりなのだ」

「もんわりと暖かい鰊ぐもりの日がつづく。四月の初めに、先ず向かいの天売・焼尻の島で鰊が獲れ始める。と、十日後の羽幌・苫幌の浜にも鰊が寄せて来る。海面が鰊の白子（しらこ）で乳白色に盛り上がって来る。明治二五年、六年頃までは全盛期だったそうですね」

「鉄道は留萌までしか来ていない。その留萌までの五十キロの雪道を、毎日数台の箱馬橇が定期便として通っている。定期便の箱馬橇は羽幌まで行く。山形屋はそれら馬橇の駅亭ともなっていて、ふだんでも厩や馭者が山形屋で一服して行く。

四二年、四三年はニシン漁も大不漁の年だったらしい。苫幌全体で僅かに五千六百石の水揚げだったと記録されている」


やがて主人公である夫婦は旅館業を廃業し、大正二年に旭川に移る。その旭川も屯田兵が入植・開拓した町であり、一九〇一（明治三八）年には札幌から第七師団司令部が移転し、ますます軍都色が色濃い街へと変化していく。そのうえ大正一二年には関東大震災があり、三浦は「日本を覆った不況は、佐渡（主人公の母の故郷）にも及んでいた」と記している。

また旭川から出る宗谷線について三浦綾子の記述は、

「長い汽笛を鳴らして過ぎて行く汽車の地響きがした。稚内へ行く朝の汽車だ。家から半丁ほど離れた所を、宗谷線が走っている。旭川に来て、四カ月余り過ぎた。留萌まで出なければ汽車など見ることの出来なかった苫幌に育った志津代にとって、朝に夕に聞く汽笛は、いかにもよその土地に来た侘しさを誘った」

6　街と生活の移り変わり

大正一一年一一月に旭川から稚内間に宗谷線が開通したが、現在の宗谷線とは路線が違い、オホーツク側を走るので「北見線」として開通した。その理由は路盤が悪くて工事が難航したという。大正元年に音威子府まで敷かれ、その後は二年毎に中頓別、浜頓別、鬼志別までと順次延長しながら、やっと稚内まで開通するには一一年かかった。稚内へと開通したことで、曲がりなりにも道南～道央～道北を結んで縦断する鉄道が稼働した。昭和三六年になって北見線は天北線と改められたが、その後、廃線になった。一方、大正の末に音威子府から幌延経由の鉄道が稚内まで延長し、現在の宗谷線になった。

稚内の街では大正三年に電灯が設置され、四年に電話、大正一〇年五月には初めて稚内にも自動車が登場し、一四年にはタクシー業が開始された。昭和二年には乗合バスとして稚内―宗谷間が開通し、市街地の交通網が整備されるとともに、市民生活の基盤が徐々に利便性を増した。

今回、祖父の生き方を知り、私がこのような文章を綴る直接の動機になったのは、同じく三浦綾子がそれ以前に発表した小説にある。

『天北原野（上）』（朝日新聞社一九七六年三月）では、大正一五年四月のことと付記して、祖父・義二が営む「ヘカ という商標を使用した店舗」のことが紹介されていたからである。小説では「河野」という名前になっているが、父から聞いた「川野海産物問屋」の存在と位置、顧客風景そして時代背景をめぐるかすかな記憶が呼びおこされた。この年、大正一五年五月二四日は、旭川近郊の十勝岳が大爆発を起こし、甚大な被害をもたらした自然災害があったのは歴史的事実である。

「須田原一家（架空の主人公が樺太から引き揚げてきて）稚内に来たのは、この四月だ。北浜通り六丁目で、伊之助と完治は、海産物と木材の仲買をはじめたのだ。「∧カ 河野」という大きな海産物問屋の隣に、その半分の間口の㋜須田原海産物店の看板がかかげられた」。
「隣の河野海産物問屋には客が二、三人いたが、須田原商店には客の影がない」

ちなみに私はフィクション、ノンフィクション問わず読書歴は旺盛だが、小説の創作体験はないので、作家としての技法や叙述についての知識は一切持ち合わせていない。しかし、ノンフィクションによる事実が史資料や文献として生かされ、作家はそれを参考にストーリーを構成していく執筆活動は、どこか建築構造物の細部を組み立てて完成品に近づくようで感動した。

7　樺太への中継地点と連絡航路

現在の稚内駅は終着駅であるが、人やモノの流れが樺太へと向かい、宗谷海峡を渡るには船舶に頼らざるをえなかった。そのため延長した引き込み線を使って、かつて存在した「稚内大桟橋駅」から小さな艀船に乗った。大正一二年五月二日には稚内から樺太の大泊（現在はコルサコフ）まで九〇マイルを八時間で結ぶ鉄道省の「稚泊連絡船」が第一船として運航した。使用船は壱岐丸（一七七二トン）で隔日運航。これに六月八日から対馬丸（一八三五トン）が加わって毎日運航になったのは翌一三年八月からである。ただし一一月から三月の冬期は隔日だった。それにしても宗谷海峡を航行する連絡船としては船名がいかにも相応しくないということで昭和二年には樺太・大泊のある亜庭湾から名前をとり、稚泊航路用として新造船「亜庭丸」（三三五五トン）が就航し、樺太へ渡る人たちへの生活を支えた。

また、大正一三年八月三一日には北日本汽船も、稚内と樺太では唯一の不凍港である本斗（現在はネベリスク）を結ぶ稚斗連絡航路が開設された。使用船は「鈴谷丸」（八六四トン）で稚内―本斗間七五マイルを隔日運航し七時間で結んだ。

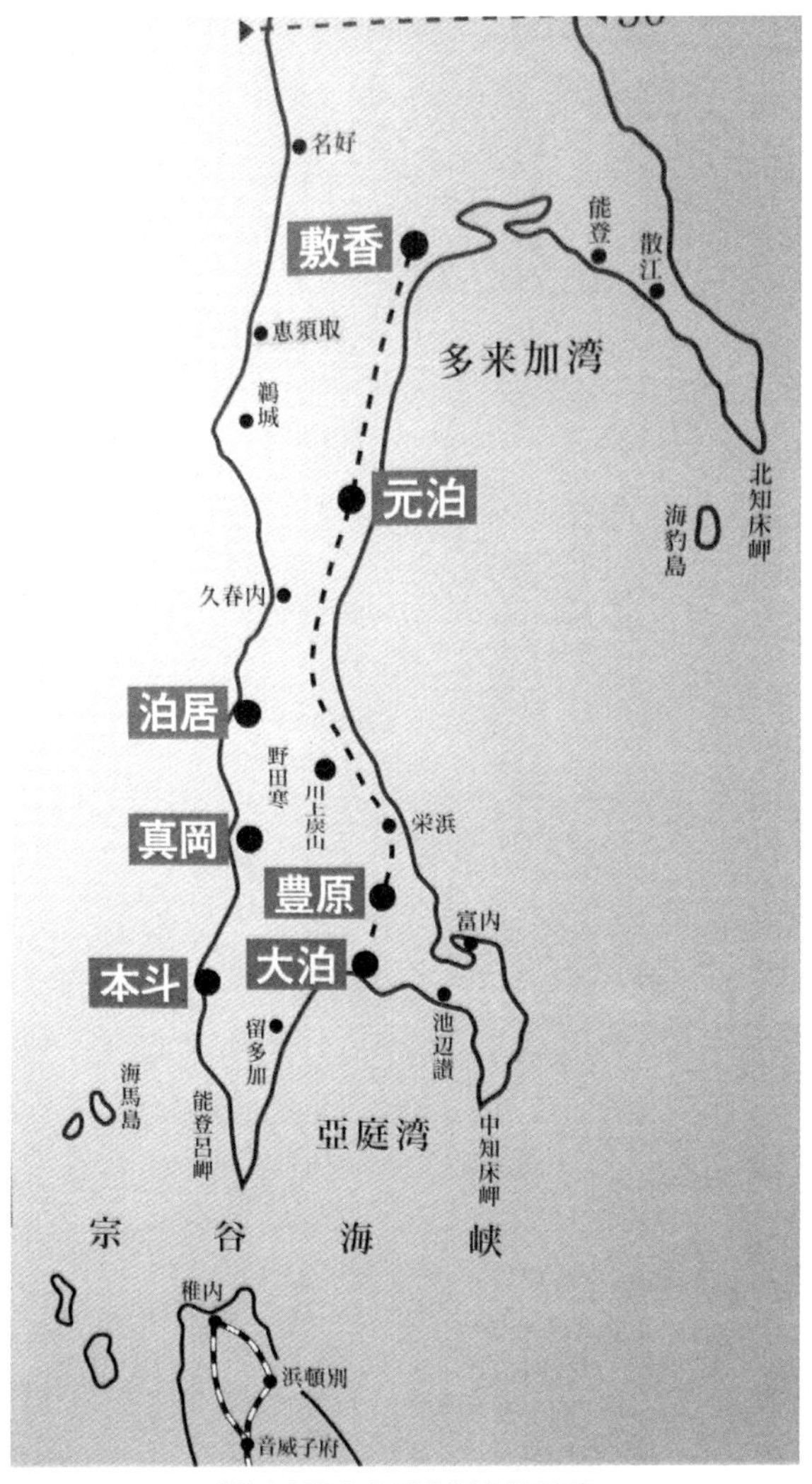

「樺太」稚内市樺太記念館所蔵

「稚内大桟橋駅（昭和 18 年）」稚内市樺太記念館所蔵

「現在の北防波堤ドーム」稚内市樺太記念館所蔵

宗谷海峡を挟んで稚内と樺太まではわずか四三キロメートルしか離れていない。樺太の面積は縦長で約七六〇〇〇平方キロメートルであり、これは北海道とほぼ同じ広さといわれる。地形上、東はオホーツク海、西は日本海に面し、文化年間に間宮林蔵が自らの脚で樺太北部を踏査し、樺太はロシア大陸の半島であるというそれまでの説を覆し、島であることをつきとめた。現在では「間宮海峡」と呼ばれ、ロシアとの最峡部はわずか七キロメートルしかない。もともとアイヌ、ニブフ、ウィルタの人々が漁業を中心に暮らしていたが、ロシアや中国と対面する位置にあるため、領有をめぐっては、お互いが主張し合う土地となった。

近代以降、樺太の南に隣接する日本と、北西に隣接するロシアとが競って樺太への領土拡張を求めて進出し、多くの日本人とロシア人が樺太へ移住するようになった。一八五五（安政元）年の日露和親条約（下田条約）では樺太には明確な国境が設けられず、日本とロシアとが混住する土地のままとされた。

一八七五（明治八）年の樺太千島交換条約（サンクトペテルブルグ条約）以前から日本領であった北方領土にくわえて千島列島を日本領とする代わりに、樺太の全土がロシア領と定められたが、以後、日本とロシアの雑居状態が続いた。日本は豊富な漁場での収穫や林業、製紙業を魅力として産業化し、多くの人々が樺太に渡った。
現代でいう一時的な観光客ではなく、仕事を求めて樺太に在住したので道路や鉄道などの基盤整備とともに、商店や病院、旅館や飲食業、学校や公共施設など日常生活に必要な一切は揃っていた。サハリン南部は「樺太」として日本の施政下におかれ、一九〇七（明治四〇）年には樺太庁が設置された。

稚泊連絡航路や稚斗連絡航路が開かれるまで北海道から樺太への主な窓口は小樽であったが、以後稚内の比重が大きくなった。鉄道の敷設や航路が開かれると交通の利便性が増し、当時の稚内町の人口は、一六八六三人（大正一三年）まで達し、急速に市街地としての形成が整いつつあった。当然、稚内は樺太との中継地点という絶好のポジションにあり、移住者や出稼ぎ者など関係者が駅舎や駅周辺の商店街、定期航路を利用するため、集客は自然発生的に増えた。ポーツマス講和条約によって北緯五〇度以南の南樺太もすでに人口約一五万人を数えるようになり、その人口を増やしていったので、祖父の海産商としてのポテンシャルも高まったと考えられる。

古地図をみると、川野海産商店の隣に「樺太移民取扱事務所」の表記が見えるので、おそらくこの辺りの顧客は樺太関係者と思われる。三浦綾子も架空の主人公の店舗を設定する意味で叙述したのではないだろうか。

一九四五（昭和二〇）年になって、太平洋戦争が終結直前の八月八日、ソ連軍が日ソ中立条約を事実上、破棄して参戦するという暴挙にでた。樺太では一一日に国境線をこえて戦闘体制となり、ソ連軍が一方的な侵攻を繰返し、樺太全島を占領した。

敗戦国である日本は、一九五一（昭和二六）年サンフランシスコ講和条約で樺太・千島の領有権を放棄したが、この条約にソ連は参加しなかった。その後、一九五六（昭和三一）年の日ソ共同宣言によって戦争状態は終結したが、北方領土問題などもあって現在まで「平和条約」は結ばれていない。つまり国際法上はこの島の帰属はまだ確定していないわけで、日本からサハリンに渡るにはビザが必要になり、ユジノサハリンスクに総領事館を置いているのが現状である。

第六章　海産商として独立そして商売

「独り立ちして人に喜ばれる商売をしたい」

1　海産商の始まり

祖父は長野県鳥居村を出て、明治中頃に単身北海道に渡った。いろいろな生活・仕事・体験を経て、稚内で家庭生活を営み五男二女をもうけた。本書で記述するとおり、苦難を重ねたと推測するが、孫として私自身の人生は、祖父の人生行路を原点とし切り結び今を歩んでいる。もちろん祖父の記憶はまったくない。祖母や父母が話していた内容をかすかに覚えているくらいだ。家の「財産」ともいえる資料や写真、記録物の類は種々述べる理由で私の手元には一切ない。『稚内百年史』（稚内百年史編さん委員会一九七八（昭和五三）年発行）一一〇頁をめくっていたら、「河野　義二（かわの　よしじ）」の名前を発見した。「河野」は誤記か、それとも父から訊いた話だが、海産商を営むにあたって木箱の焼き印などに商標としての「へカ　河野」を入れるため、簡略化した「川野」にしたとのことだが定かではない。

三浦綾子の小説では、「へカ　河野という大きな海産物問屋の隣に」と記述されているがフィクションであり、義二の戸籍も当初から「川野」の姓である。

『百年史』の小見出しでは、「海産商が軸の商業界地図」とされ、次のような記述がある。

漁業移民によって足がかりがつけられた稚内開拓は、海産商を軸とする商業の発展を促し、一般商店、旅館、料理店など追々店数を増やして町を形成した。特徴的なのは、海産物の見返り商品の移入があった関係、仕込みの関係から海産商と荒物商の兼業というのが多くみられ、主として小樽を基地とする商取引となっていたが、支部向けとして一つのルートに乗せられていた海鼠、貝柱を除いては、例えばニシン粕は伏木、敦賀、下関をまわって尾道、四日市その他に送られ、ニシン身欠きは北陸、関東、数の子は全国、コンブは北陸、関西となっていたので見返り商品は案外種類が豊富だった。海産商として古いのは、明治二三年店を開いた菅原富吉、笹嶋一郎、同二五年からの遠藤百治、同二六年からの明石梅吉らであった。

稚内海産商組合は一九〇四（明治三七）年に設立され、『百年史』には『海産商組合設立七〇周年記念誌』（一九七四（昭和四九）年）から引用され、先代あるいは先々代から後継の経営者たちによる座談会記事を掲載している。それによると明治、大正期における海産商を営んだ人々として四三人の氏名が列記されている。

前記の人たちは、かなり早い順番に書かれている。初期世代の人々の後、「ふらりとやってきて鰊場雇いをしながら海産仲買をして成功した人や、海産商のもとで修業を積んで店を構えた人など数多く輩出して、栄枯盛衰を描き出した」ともある。明治一〇年生まれの義二は後ろから三番目に書かれているので、会員になったのは明治後期だったであろうと推測する。いずれにしろ三〇歳代で起業したことは間違いない。

稚内海産商組會員之章

「稚内海産商組合員之章」『稚内百年史』

稚泊連絡航路となった北防波堤ドームはこの先にある。川野海産商店の隣りが「樺太移民取扱事務所」である。

「昭和五年六月の古地図」稚内市図書館所蔵

この後、昭和五年一一月の「大火」によって、北浜通り一帯は焼失してしまうので、その半年前の市街案内図（古地図）としては貴重である。祖父が営んでいた川野海産商店の存在・位置が確認できた。

駅の右方向から下に延びているのは、現在、観光名所となっている「北防波堤ドーム」である。かつては、ここから樺太への連絡航路が出ていた。商店は歩いてすぐの場所にあり、たくさんの乗降客でにぎわい繁盛していたと思われる。

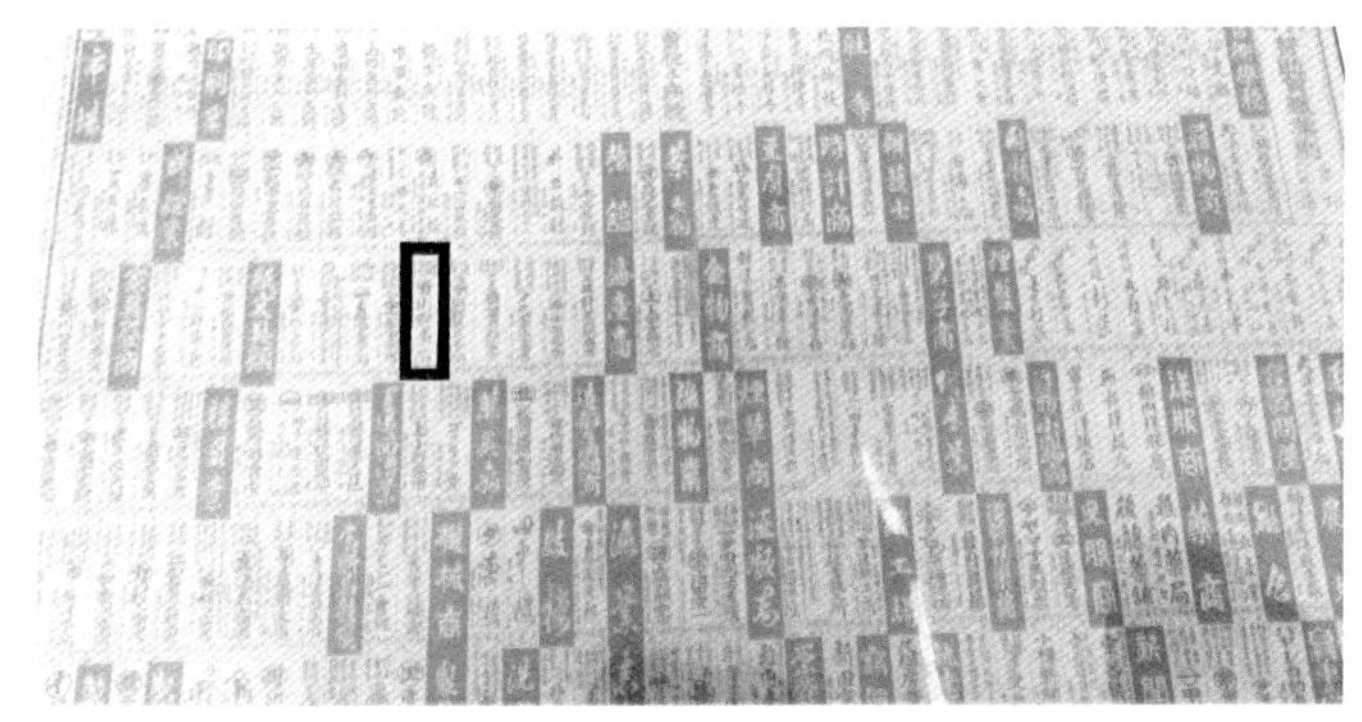

「昭和五年六月当時の商店名簿」稚内市図書館所蔵

『稚内市史第一巻』（稚内市市史編纂室編集、一九六八（昭和四三）年一二月発行）は、全体が一二六四ページと重厚なものだが、それによると「特にこれを以て（水産業の振興ということ）経済基盤とする稚内にあっては、この経過をたどることそれ自体、郷土の歴史をたぐるにほかならない」ので、これを参照に歴史を振り返ってみた。

松前藩が実施した漁場の場所請負制が行き渡ったのは一七三六年から四一年だった。廃止されたのは明治二年だった。道南・道央の漁場をはじめ、道東へと進出し、道北の宗谷場所は後塵を拝し、いわば「蝦夷地における漁場請負制の終末史ともいえる」ものであり、騒乱期に比べれば場所制が自然消滅、崩壊する時期であった。始まりが終わりみたいなことで漁業関係者にとっては時代の流れに抗することはできなかったといえる。

また、『宗谷海峡物語』（稚内文庫第一集、稚内文庫編集委員会、昭和五五年三月）によれば、

北前船とよばれた日本海を行き来する江戸時代からの和船はしだいに姿を消し、一八八六（明治一九）年に初めて蒸気船を迎えたあと、代わって近代的な機船が出入りするようになっていく。開拓に必要な資材や生活物資が運ばれて来たが、北海道の開拓前線が奥

地へ進むにつれて、開拓民を載せた移民船も盛んに入港した。鉄道が未発達だったために網走方面への入植者さえも、小樽、稚内からオホーツクへと北回りで移住して行った。

当時の道北最大の都会は増毛だった。これに留萌、頓別、稚内が続き、留萌や稚内が人口一万人を越したのは大正時代だった。枝幸は砂金、羽幌は石炭が人（労働者）を集めており、大正九年人口は頓別（一六六五〇人）、稚内（一三〇八二人）、枝幸（九五七一人）の順だった。

増毛から留萌に支庁が移ったのは大正六年であり、小樽の補助的な副港として開港したのが昭和一〇年のことであった。このころ稚内から留萌にかけての沿岸から利尻・礼文両島は、小樽からの海上商圏の範囲内に完全に組み込まれていたが、宗谷南部は、旭川からの陸上商圏に含まれつつあった。稚内が南樺太への連絡港とされたのは明治三九年であり、大正一五年に鉄道も届いていないながら、旭川からの国道は天塩川を船で渡るような状況が続いていた。

やはり義二が渡道した手段は小樽まで機船を利用し、増毛、留萌、天塩、西浜（西稚内）のニシン場で雇い漁夫として働いた後、稚内まで来たと考えられる。

2　ニシン産業の景況と低迷・不漁期

関秀志は、幕末から近代の北海道で最大の産業はニシン漁を中心とする漁業であったが、そもそも先住民族であるアイヌの人たちが、「神の魚」（カムイチャップ）とあがめるニシンは、彼らの食料源として重要な意味を持っていたという。それだけでなく鮭・鱒を含めてアイヌ民族の漁場や漁法・手段など北海道開拓期以前における生活の術（すべ）を和人は、絡めとった負の歴史があるといわれている。アイヌ民族が伝承した歴史や文化、知恵や技術、場所や空間も私たちは「伝えられた」と教えられたが、収奪に近い手段であったといってよい。

ニシン漁の中心は、二月から四月にかけての曇天日、産卵のため岩礁沿岸の波打ち際の藻に回遊してくる。そのためニシンは春告魚とも言われる。産卵期に大挙して接岸するニシンは、海の水の色を変えるほどだった。これを群来（くき）といって、旧暦の三期に分けてやってくるので、それぞれ走り鰊、中鰊、後鰊と呼び、漁師は網を建てて捕獲する。

当時の北海道はもちろん寒冷地であって農業技術が未発達のため農業人口が少ない。厳しい自然条件が開拓を阻んで人々の生活も苦しく、ニシンは単に魚というだけではなく、米を主要な食料とする他県同様、重要なタンパク源として主に山間部の山で稼ぐ人、鉱山や炭鉱の人々の需要に支えられて盛んになった。ニシンの群来（くき）は、北海道漁業の基礎を支えていた。このニシンは北海道の西南部、後志地方が主要漁場だった。

明治一四年の統計によれば、北海道の生産物総価格は約九四四万二千円であるが、その七五．六パーセントにあたる七一三万七〇〇〇円を水産物が占めていた。そのうちニシンは五一三万円で、これは水産物全体の七一．九パーセントにあたっており、以下鮭（約八五万円）、コンブ（五七万余円）、が続いている。明治二六年の漁業人口は一五万九八〇〇人で全道人口の二八．六パーセントを占めていた。明治期の漁獲量のピークは同三〇年の一六二万五〇〇〇石だが、その七割以上はニシンであった。水産業が唯一の産業である北海道にとってニシンの漁獲高は水産業の七〇パーセントを占め、鰊産業は北海道経済の富源そのものであったといわれる。ニシン場で一番労働力を必要としたのはモッコ背負いで、接岸した船から収蔵小屋まで運ぶ木箱を背負う仕事だった。

明治二年に場所請負の廃止にともない、場所運上金の代わりに海産税を直納する制度が開始された。海産税は漁獲や水産製品の違い、また地方によってその税率も一様でなかったが、徐々に統一され、明治一三、四年ごろまでには漁獲高の一割ないし二割は現品を以て納める方法が支配的になっていったと記録されている。

明治三〇年ごろからだんだん北に移って行き、それにつれて漁夫も北上する。稚内でも明治三一年に五人組が協業するニシン沖刺し網漁が始まり、沖合を北上していくニシンを動力船で追いかけた。

漁業移民に始まった稚内だけに、水産業との関係なしの将来もまた考えられない。明治期の商人は海産物の見返りに入荷する日用品を扱う関係から、海産商と荒物屋の兼業が多かった。こうした商取引のルートは小樽を通していたが、北陸から関西へ送られたコンブ、肥料用のニシン粕は北陸から下関をへて瀬戸内の「北前船ルート」を流れていた。

明治三三年、北海道産業のトップの座を農業に譲るまで、漁業は長くその王座にあった。とりわけ焼尻、天売、利尻、礼文の離島は小樽との関係が深く、渡航が容易であった。ニシンの群来に恵まれて対岸の地域よりも早く集落が発達した歴史もうかがえる。これら鰊の回遊先は、明治期までは北海道西海岸を中心にほぼ全道におよび、大正末期までは石狩地方以南の漁獲量が多かったが、昭和期にはいると石狩地方以北も留萌・稚内方面がふえていった。

その他に、ニシンの〆粕を製造する仕事が増えた。ニシンの八，九割を肥料になる〆粕にした。大きな窯で煮たニシンを胴（どう）と呼ぶ圧縮機に入れて圧搾し、海水と魚油に分離して魚油は灯油として販売し番屋などで調理に使った。ニシン油は臭いがきついが、窒素や燐が豊富なので干場へ運んで乾燥後、農業肥料に使用する魚肥として製品化し、俵装にして本州各地へ輸送した。

現在、「ニシン御殿」と呼ばれているのは俗称で、一般にはニシン番屋とよばれ、漁業主とその家族、ヤン衆とよばれる東北地方からの出稼ぎ漁夫が生活するニシン漁業の中核的な建築物である。ニシンの加工法については、次のように記述されている。


群来（くき）する鰊に二種類あり、一は産卵のために群来する春鰊、もう一つは食餌を求めて接岸する児鰊（こにしん）またの名をバカ鰊とも呼ばれていた。当時漁場は四区に分けられ、宗谷地方は北海岸といわれていたが、その漁場状況としては宗谷郡の沿岸は概して砂浜が多く、ただ処々岬角のあたり岩石露出して鰊の群来に適す。然れども漁港に乏しく宗谷郡稚内に泊舟の便あるのみとなっていた。漁期は宗谷で初期四月一〇日、終期六月一〇日であった。明治に入り、開拓使時代になってからも、鰊製造、いわゆる加工面はあまり変わりなかった。冷凍貯蔵のできない時代のことでもあり、そのほとんどが加工にまわされたが、食用製品として身欠、数の子。食用肥料兼用として胴鰊、二つ割(ふたつさき)、白子、紋粕、その他背割、早割(さわり)もあった。笹目、メメカ、ボタはいずれも副産物となっていた。着業資金は最初開拓使の資金融資をいくらか仰いでいたとみられるが、明治も二〇年ごろから商人の進出がめざましく青田法が大いに幅を利かすことになる。ニシン漁のため資本を融通する方法としては、第一に自力、第二に普通借財、第三に仕込(周年受けるものと漁期間受けるものとの区別あり)、第四に青田、第五に収穫抵当法があった。このうち最も広く行われたのは仕込みであり、これに次ぐものは自力だったという。しかし、宗谷地方ではおおくが青田法に頼っていたが、以降、仕込み制も入り込み、昭和の時代まで続いた(『稚内市史』)。

3　ニシン産業と海産商

自立できる漁業者は仕込み制度の形をとったが、資本力の乏しい漁業者たちは、一八八七（明治二〇）年ころから適宜、海産物商の看板を掲げてこれに飛びついたという。当時の海産物商は荒物商を兼ねていたので、取引上は往復荷物を積載する利便性があった。このようにして水産業とともに商業の発展は、明治三七年から三八年の日露戦争を契機としてめざましい成長をとげた。また樺太への人・モノの物流拠点港として稚内は、当時まだ鉄道の開通はされていないものの中継地点としての意義を高め市街地形成も早まった。

全盛期の海産商の生活は、それなりに豪勢であったといわれ、店構えも立派で、ふだんの生活、とりわけ上等な着物や衣服を着こなして華やかさが注目されたらしい。公共への寄付や散財など派手な海産物商もいたが、一方で信念をもって贅沢を戒めつづけた人たちもいたという。

私の父からの聞き覚えでは、祖父の性格に派手さはなく、真面目に商売に勤しんだ。同業者たちと、ある程度の交流はあったろうが、公職や名声を欲しがる人ではなかったらしい。人一倍、フロンティア・スピリッツに満ち溢れ、実業家として新しいことに取り組んだようだ。

明治中期から後期にかけて、稚内に海陸物産商組合、米穀商組合、旅人宿組合、理髪営業人組合などの同業組合が結成され、明治、大正とそれぞれの道を歩いていた業態を総括するため昭和初期誕生した商工会の持つ意義や果たした役割も大きかったであろう。

一九三二（昭和七）年九月に商業組合法が発布され、稚内でも商業組合が翌八年一〇月に設立届が提出された。

『小樽市史』によると、稚内商人を評して次のように記述している。


稚内商業は小樽の傘下にあったが、大正一一年（一九二二）の宗谷線鉄道の開通によってかなり変わった。道央との取引の道が開かれ、旅行が容易になるにつれ、本州からの海産物買付人が繁く出入りするようになり、逆に稚内商人がそれぞれの出身府県に赴き、そこを現場に直接の取引先を開拓しはじめた。さらに樺太との連絡港となり、同一二年、稚泊連絡船の就航によって水産の町は、商港的色彩を帯びるに至った。

また『稚内市史』では、水産業および商業の発展をさらに詳しく次のように述べている。

国鉄宗谷線（現天北線）が開通以前の海産物は定期船のほかチャーター船が仕立てられて消費地に積み出され、集荷も昭和一一年、林仁三郎が五千円を投じてトラックを買い集荷を行いこれが普及するまでは馬車、小舟が用いられた。大正から昭和初期にかけると海鼠（なまこ）やホタテの貝柱、コンブやニシンが全盛期で海産商が軒を連ねていた北浜通り四、五丁目あたりは、支那（現在の中国）向け輸出物を扱っている関係から、通称「南京街」といわれていた。各官公署が機構拡張し、経済の中心が宗谷から稚内に移り、小樽港を起点とする船舶の出入りが稚内と結ぶようになってから、移住者が増え、さらに明治三七、三八年の日露戦争による南樺太復領によって、中継地的要素も深められ、焦点はもちろんのこと、旅館、飲食店、理髪店、銭湯と環境衛生的業態の進出もめざましかった。

鉄道の主な貨物に入っている水産の荷主は海産商であり、明治後半の稚内漁業の開拓期から資本を蓄え、町の経済を動かすことができるほどの力を持っていた。昭和の初めごろに有力だったのは海産商を営む人々で漁民に資金を貸しつけ、生産物を一手に引き受ける仕込み制度を基盤に水産業に君臨した。

稚内にとって水産業を軸とした商業の発展は、同時に市街地形成の重要な要素であり、それにつれて飲食業、旅館業、娯楽産業などの日常生活に必要な消費量が増えた。また南樺太も消費地の一つであり、運送業や倉庫業など流通に関する業種・業態も盛況であった。

明治三八年における理髪店業人組合の参加者一〇人のなかに「滝口常治さん」の氏名を確認することができる。祖父が海産物店を構えたのは北浜通りであり、仄聞するところでは滝口理髪店の隣であったと父から聞いたことがある。私は小学生の頃（違う場所に住んでいたが）、「滝口

「海産商が軒を連ねる北浜通り四丁目（現在は中央二丁目）界隈（大正一二年ころ最盛期）」『稚内百年史』

さんの床屋に行ってきなさい」という母親の言葉が記憶に残っている。

しかし、ニシン漁業を始めとする水産業の衰退は、これから先、いくたびかの不況の波に襲われる。とりわけ天候や漁場の変化および労働力不足に敏感な産業として栄枯盛衰の差が激しく、歴史的にも地域経済に反映され繰り返されてきた。記録によると、第一波は樺太領有後の明治四一年の不況である。当然海産商にも甚大な影響を及ぼし、たとえば「海陸物商組合長の石館幸太郎が海産商の店（北浜通六）をたたみ、あらゆる公職の座を退いたことは町民にショックを与えた」とある。基幹産業の衰退は稚内の経済界のみならず、市民生活全体が衝撃的な事実として受けとめる必要があった。

明治、大正の水産業開拓期に、活況な漁業が背景となって地域経済を支えてきた海産商も、昭和に入ってたびたび経済不況に見舞われた。盛況な時代には経営者として、いわゆる羽振りがよく、それは神社・仏閣に名前を刻印するなど、地域の祭事に対して物心両面で全面的な寄与を果たす栄華を誇ってきた。

先述したように稚内の街は、明治四四年、昭和三年、五年と連続して三度も大火に見舞われた。また昭和八年の日中両軍の衝突以来、アジア太平洋戦争敗戦まで、時代背景はとても厳しい時代になり、日本の政治・経済・社会全体が疲弊した。産業構造自体の基盤が次第に劣化し、軍事産業一色となった。とりわけ海産商は大火と不漁のダブルパンチを受け、かつての華やかさは影を潜め斜陽化した。

『稚内百年史』には、昭和四八年に開かれた海産商組合七〇周年記念座談会の記事が掲載（抜粋）されている。「これは海産商の歩いてきた道程をしのぶ最後のものであり、記録的な意義も大きい」と意義づけられているが、昭和に入って終戦までの主な海産商に至っては整理段階を迎える時代といってよいだろう。ここには一九人の海産商の名前が付されているが、もちろん祖父・義二は一九五一（昭和二六）年に物故しているので後継者もいない。昭和五年の大火で一切を焼失し、全面的に廃業に追い込まれた。

記事によると座談会の席上、遠藤商店の後継者である遠藤修美社長が次のように述べているのが印象的だ。

ニシン不漁は明治時代から時々あったようですね。こんな話があります。明治四四年稚内大火のあった翌四五年大不漁だった。火事のあとだけに打撃が大きかったらしい。ところが昭和三年の大火のとき、私の親父は翌四年の仕込みをどうするか、火事のあとは碌なことがないと考えていましたがまぁ縁起を担いでばかりいても仕様がないというわけで、小樽からカネを借りて仕込んだところ、案の定大不漁に見舞われた。またまた没落寸前まで行ったことがありましたね。

沖刺し網漁もしくは遠洋漁業は大正、昭和にかけて稚内漁業を支えながら、二百カイリ規制まで続く。漁場は日本海からオホーツク海、サハリンの亜庭湾と広がり、四〇年からは出漁許可船が三〇隻をこえ、五千トン以上の水揚げに至っていた。

ちなみに水産業に特化していえば、一九六七（昭和四二）年の年間漁獲量は二二万トン、その金額六六億円であった。私が高校三年生のときで稚内市の人口も六万人ちかくいた。金額においては、釧路、根室に次ぐ第三位、漁獲量は釧路に次いで第二位という、まさに基幹産業とし文字どおり全国でも屈指の地歩を占めていた。遠洋漁業の基地である港として鮮魚を各地に届け、年間四〇億を超える水産加工業の基盤を成し、市経済の主軸であった点は過去のものである。それは日本においても「海洋法に関する国際連合条約」を締結し、発効されるまでの漁業水域の外側境界線まで領海基線から二〇〇カイリとする「漁業水域に関する暫定措置法」を一九七七年に施行し、独自の「漁業水域」を設定し国内外に宣言して以来、漁獲高は激減し市民生活に甚大な変化をきたした。

4 現在でも加工販売業を営む若狭社長に聞く

稚内商工会議所から紹介を受け、海産物の加工・販売を取扱う「有限会社かねよし」（稚内市末広）を経営する若狭善昭社長に、現在の状況など率直にお伺いしました。

稚内でも手広く水産業、海産物商を経営していた又一産業

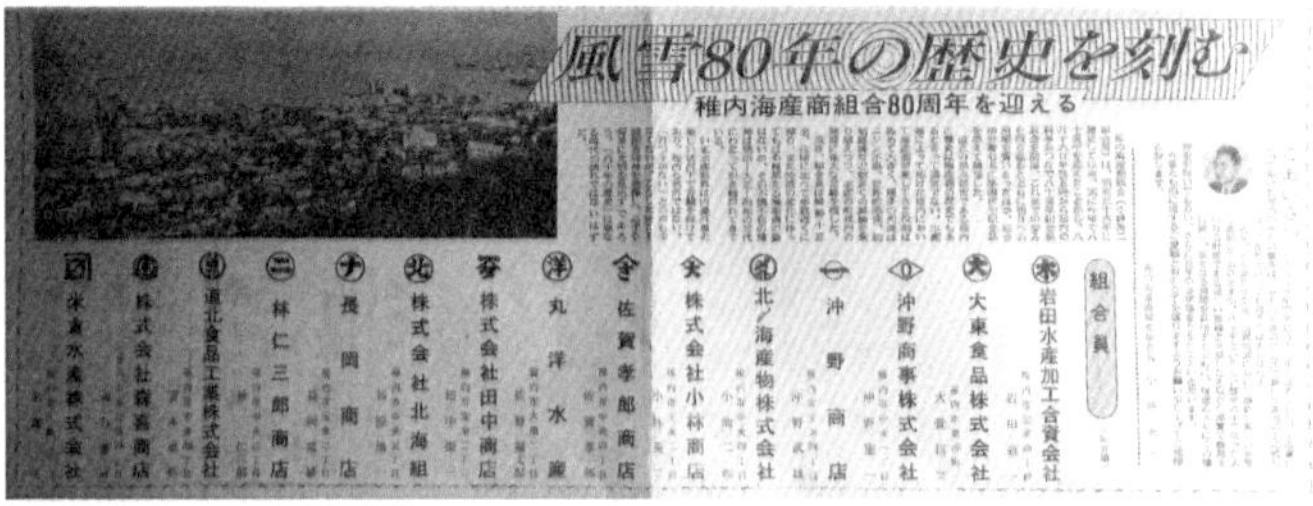
風雪80年の歴史を刻む
稚内海産商組合80周年を迎える
組合員
岩田水産加工合資会社
大東食品株式会社
沖野商事株式会社
沖野商店
北ノ海産物株式会社
株式会社小林商店
佐賀孝郎商店
丸洋水産
株式会社田中商店
株式会社北海組
長岡商店
林仁三郎商店
道北食品工業株式会社

稚内海産商組合八〇周年を迎える新聞記事『風雪八〇年の歴史を刻む』（「日刊北海経済」昭和五八年八月一八日付け、北海経済新聞社、現在は廃刊）

提供：稚内商工会議所

（株）に昭和三六年から二〇年勤めました。タラバガニの缶詰などを大手企業と取引きしていましたが、五四年に廃業し、それから独立して事務所を借り、電話一本で細々と商売をしていました。

稚内海産商組合も明治三七年に設立され、七〇周年をむかえる昭和四九年には四〇社余りありました。この時代の人たちは羽振りがよく、経営も順調でした。八〇周年の新聞広告をみると一五社しかありません。いま現在残っているのは四社程度です。

なぜ衰退したか、やはり後継者不足の問題があります。それから水揚げが減少して、仕込みをしてモノを集めることもできなくなり、燃料も高騰しました。

「浜買い」といって、浜で漁師から直接買う方法、たとえばコンブであれば買う前につながりをもって、仕込みをしてそれを何割で買うか、要するに信頼関係です。二〇〇カイリ前まではまだやっていた人もいましたが、昭和五〇年前後までですか、それができなくなり、資源がなくなったうえに商売のやり方も変わってきました。

現在の場所には、平成元年に来ました。埋立地ですが、前浜のものはホタテ、貝柱、鱈など札幌に出して、それからトラック便で関西から四国あたりまで輸送しますので、やはり物流のコストはかかります。取引先はほぼ固定化され、最近は生協などにも出しています。旧いお客はいますが、大企業もかなり入っています。ホタテは宗谷、猿払から枝幸まで取引きしています。かってはニシン御殿と言われましたが、いまはホタテ御殿ですね、でも計画的な生産に心がけているようですが、だんだん生産高が落ちていくと、産業全体が衰退していく傾向にあると思います。棒鱈をやっているのは二社だけあって京都にも卸しているようです。

ニシンは稚内市東浦（社長の出身地）のほうでも昭和二九年（小学校五年生）ころ、まったく獲れなくなりました。現在でもニシンの稚魚の放流はやっていて何カ所かで群来があるそうです。今の若い人たちは小骨のある魚をあまり好まない傾向にあります。また数の子の入ったニシンは食べますが、浜で数の子だけ選んで白子は肥料か、加工品になります。もったいない話ですが、それが現実です。いわゆる厨房の汚れるものは食べない、当時は貴重なタンパク源でしたが、今はそれ以上の食品が出てきて難しいですね。

次世代の人たちは、水産業・漁業、海産物商をどうみているか気になりますが、ここには稚内、利尻、礼文、猿払と四つの組合があります。利尻、礼文では都会の青年たちで漁業をやりたいという人たちがやってくるようです。会社の労働力確保について、人口流出で減少が進み、だんだん高齢化してしまいます。でも仕事がないわけではないので若い人たちには移住を考えてもらいたい。

外国からの技能実習生を受け入れています。住まいを用意して三年間いてもらうわけですが、現在、ベトナムから一七人、中国から二人、計一九人を受け入れています。いま営業している四社のうち三社は外国人を雇用しています。

斡旋してくれる会社もありますが、私の場合は、札幌に人材受け入れの組合をつくって加盟しています。そこには通訳もいるのでいろいろな書類をつくってもらって、一か月間の教育をしてもらってから、三年間派遣してくれるので雇用します。外国人も夢があって来ますが、賃金などは役所が条件を出して、一年目は日本人と同じ最低賃金で雇い、二年目は日本と同じ昇給をし、三年目は同じルールで昇給します。四年目からは「給料」になるので地元が採用した人と同じ条件にして、社会保険もかけます。本国へ帰ったら退職金も用意します。

問題を起こしたり、素行が悪い人ももちろんいました。仲間同士でトラブルがあったりしましたが、優秀な人材もたくさん来ます。

農業はどうか分かりませんが、酪農業にも外国人はけっこう雇用されていて、労働力不足はある程度整いつつあります。ベトナムから来た人で夫婦もいましたので、稚内に定着してもらいたいと思うのですがなかなか難しいですね。

二〇〇四年から受け入れていますが、日本語の試験を受けて合格する優秀な人もいます。しかし、定着はしませんでしたが、今では本国で子どもが4人もいて、いまでもメールで連絡くれる人もいます。そうした時はやはり嬉しいですね。中国で日本語の先生をやっている人もいます。

（二〇二四年二月、インタビュー）

第七章　苦労および苦難の道

「自分で選んだ道だから苦難とは思わない」

1　苦難の道

祖父・義二を中心とした時代背景を描きながら、今までこの町での生活や暮らし、そして商売について書いてきた。北海道移住の経過や雇い漁夫の苦労は計り知れないが、結婚して家族に恵まれて商売を始めた人生は順調だったといっても過言ではない。長野県鳥居村の時代は想像もつかないくらい貧農に苦しめられたと思う。北海道移住へ夢を託して、その実現のため、青年期にありがちな「思い描いていた夢と現実とのミスマッチや生活上の困難」はなんとでもなる。

今になって考えれば、一大決心をしての渡道は、未知の風景に対する寂寥感と、やっとたどり着いた大地に対する期待感が交錯して戸惑ったであろう。でも、そういう自分を迎え入れてくれた土地や習慣・文化そして人のぬくもりに心動かされたに違いない。近隣・地域の人たちとともに、生業としての海産商を営む同業者にずいぶん扶けられたと思う。

しかし、人生はどこでどのように転換するか分からない。

非情と思えるような大震災や事件・事故に巻き込まれることもある。

これから先、これほどまでに苦難が待ち受けていたとは、義二も家族もまるで想像していなかったのではないか。

個人の責任はともかく、地域社会全体が受けた苦難の道はどうすることもできない。家財道具一切のものを持ち出すことさえできず、自らと家族の生命を守るだけで精いっぱいだった。それが「稚内三大大火」に数えられる昭和五年一一月の火災だった。

そして二つには、ニシン漁の不振が続き、食料や加工品の販売も大打撃を受けた。

三つ目は、何よりも時代はますます息苦しくなって、昭和初期から日中戦争、続いて太平洋戦争をめぐる局面は多くの国民・庶民の生活に暗い影をおとした。

近代から現代へと時代は動いていくなかで、四三キロ先の樺太との距離はますます遠くなっていった。

2　稚内三大大火

北海道は周囲が海で囲まれているため、地形上、海岸線沿いに集落が発達してきた。そのため海から吹きつける強風によって、いったん火災が発生すると延焼して「大火」になり、多くの人びとが逃げ場を失い、個人はもちろん共同体としても頭を悩ませてきた。函館や小樽、札幌に続いて、留萌・旭川を中心とした道央、帯広・釧路・北見を中心とした道東などの開拓に続き、やや遅れて道北の稚内も街が形成されていく中で何回かの火災が繰り返された。ここでは三度の大規模な火災によって、軒並み災禍に見舞われ、多くの人命を失った状況を述べたい。

事実を伝えるために『消防史　稚内の消防』(稚内の消防発刊委員会、平成一一年三月発行)から一部を引用したい。

一つは、「町を裸にした明治の大火」という小見出しがついた明治四四年の大火である。

「一九一一（明治四四）年五月一七日正午頃、山火事の飛び火によって発生した。天塩方面の火入れの火が南西の風に煽られて燃え広がり、南の山林に燃え移ると山の上から風速二〇メートル以上の風に乗った火の玉が市街地の弁天を越えて南浜通付近に落下出火、午後二時頃には市街の中枢部に延焼した。宗谷支庁・警察署・郵便局・町役場・小学校他重要機関はほとんど罹災。七五二戸全焼。損害はざっと三〇〇万円。木がこんもり繁っていた裏山もハゲ山同然になったが奇跡的に死者無し」

背後の山林に燃え移ってから丘陵が燎原の火となって町を包んだ。木造家屋の密集した町は唸りをあげて燃えあがって、消火器具を増強し技術訓練を重ねていた稚内消防組もほとんど手出し出来ないほどの混乱となった。

後に町長を務める富田敬政は、「一番苦労したのは、北浜通四丁目地先の税関近くの埋立地に荷物を運んだ人たちだろう。火の手が早いのと、吹きつける猛煙にあえぎ、海の中に飛び込み、首だけ出して熱気に堪えたが、煙が目に入ったのと、長いあいだ海水につかっていたのがたたって後々まで身体の調子が悪いと訴えていた人がいた」と話した。

二つは、昭和に入って発展途上の町に大きな打撃を与えた昭和三年の大火である。

「一九二八（昭和三）年一〇月二五日午前零時半頃、市外中心地の本通北一（現中央三）の岡田薬局と工藤菓子店の間の仲通りに抜ける吹き通しから出火。原因は種々詮索されたが、遂に迷宮入りとなった。この火事は、出火時間が真夜中であったから発見が遅れたのと、建物が込み合っていたため、たちまち付近に引火して大火災となった。折からの風速一二メートルに及ぶ南西の風に煽られ燃え広がった。最初南に向かっていた火の手は、途中から北東に向きを変え、現在の市役所付近から海側に向かって中心街の家屋を焼き払い、約六時間の間に火事場風は猛烈を極め、炎の海となって桟橋近くまでなめつくし、六八一戸を灰にして朝の六時ころようやく消えた」

明治四四年の大火に比べ僅かながら焼失家屋は少なかったが、薬局の使用人の少年と、火災の最中に親類の家に避難しようとして風下に走って煙にまかれた八歳の少女が焼死した。レンガ倉庫の傍らに着物のままの焼死体が発見され人々の涙を誘ったと記録されている。

単なる火災に限らず、今日では大震災に伴う火災によってすべてを焼失し、被災した人々の精神的苦痛を憂慮する。特に、消防署は克明に火災状況の記録を残し、同じようなケースで火災に至る事案を防ぐのが使命である。もちろん人命救助が最大のミッションだが、稚内大火のように三年サイクルでこうも火災が起こると、いくら消防器具を増強し、消火技術の訓練を重ねても再発防止には限界があり不可能だ。

まして稚内の町のように、連日、強い風が吹くと消防活動にとっても悪条件だ。一方で海岸線に沿って市街地は細長く伸び、他方で裏山が迫っていると火災はもちろん、いったん地震などに見舞われてしまうと住民は逃げ場を失ってしまう。同じ悲劇が何度も起き、市民も消防行政も経験則が生かされないという市街地形成の困難が伴う。

そうした特殊な事情のなかで、二年後の「大火」は義二の店舗を襲った。

三つは、北浜通りで海産物商を営んでいた祖父の店舗及び自宅を焼失した大火である。

「一九三〇（昭和五）年一一月一日午後八時頃、北浜通り五丁目（現中央一）の旅館南館の風呂場付近より出た火災が直接の原因とされる。その日は町の人々が「やませ風」と呼んでいる北北東の風が吹き、低く家屋の縁の下をはい、小路を吹き抜けていく。火の手はみるみる燃え広がり、風に乗って北浜通りから繁華街の波止場通り北側の家々に燃え移り、さらに山下通一丁目（現中央3）付近に延び、町役場庁舎を焼き、本通北四丁目から仲通五丁目にぬける、出来たばかり北門廉売の店々を最後に焼いて、真夜中一二時近くにやっと鎮火した。被災戸数二一六戸、幸い死傷者はいなかったが、明治四四年、昭和三年、五年と三回の大火の洗礼を受けた人も多かった」

人々にとって稚内の印象は大火というイメージを持たれてしまう。したがってその後は樺太に新天地を求めて海を渡り、本州その他に引き揚げていく人もいたほどだったという。それらの人びとにとっては稚内の鬼門は「大火」であり、街の再建とともに多くの財産、人命を失い精神的に打ちのめされて立ち上がれなくなってしまうことを怖れた。

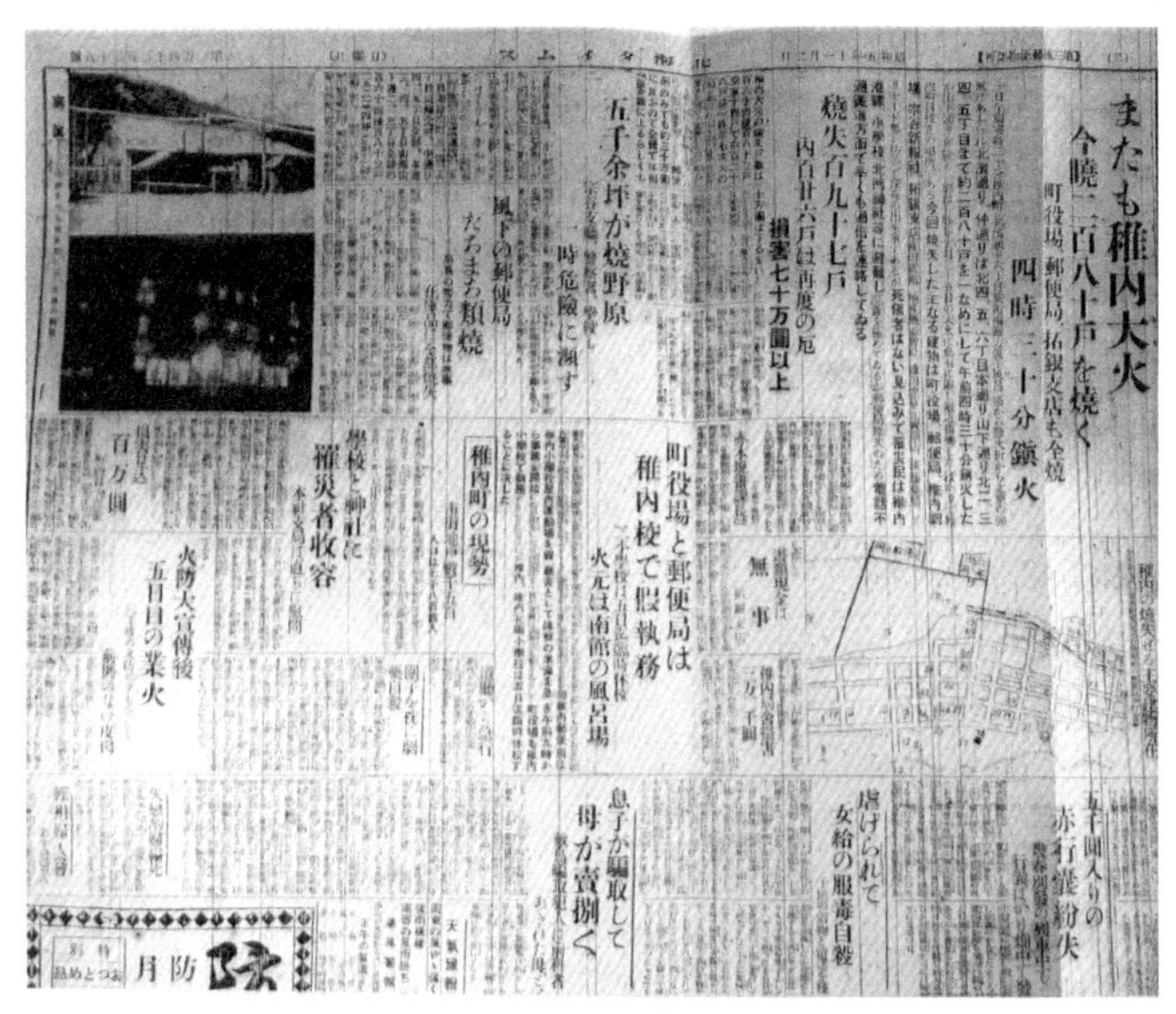

またも稚内大火

今曉二百八十戸を燒く

町役場、郵便局、拓銀支店も全燒

四時三十分鎭火

燒失百九十七戸

内百廿六戸は再度の厄

損害七十万圓以上

五千余坪が燒野原

一時危險に瀕す

風下の郵便局

たちまち類燒

町役場と郵便局は稚内校で假執務

火元は南館の風呂場

學校と神社に罹災者收容

稚内町の現勢

火防大宣傳後五日目の業火

息子が騙取して母が賣拂く

虐げられて女給の服毒自殺

五千圓入りの赤行嚢紛失

「昭和五年十一月二日大火」北海タイムス（現在の北海道新聞の前身）の掲載記事、稚内市図書館所蔵このように記述していくと、祖父は根っからの商売人とはいえない。経営者はやはり機をみるに敏でなければならない。大火は事故だから仕方がないけれども、ニシンの不漁は水産資源としては先細り傾向にあった。この時代に水産業で活況を呈したのは、単に漁師を職業とする人ばかりでなく、大漁を求めてより大型で操舵性の高い船舶に先行投資した経営者感覚であろう。そういった船主・船頭の名は、小学生だった私でもしっかりと記憶している。

もちろん道北の拠点として鉄道の敷設や駅舎整備、築港〈埋立て〉や現在のドーム型北防波堤、埠頭・岸壁などのインフラ整備は稚内の街にとっても重要課題になっていた。したがって水産業と加工業、海産商と流通業の相互依存は産業構造を支える屋台骨であったといえる。商圏は樺太・東北・北陸・関西へと広がり、「見返り品」としての要素を当初から兼ね備えていた。北海道開拓にあたって、多くの地域から労働力の提供をはじめ、購買力の可能性を秘めた見返り品である。

父から訊いた話によると、祖父・義二はフロンティア・スピリットにおいては誰にも負けないけれど、競争心や社交性には欠けていたらしい。それが明治期の商人というなら、孫の私も納得せざるを得ない。もともと商家に生まれたわけでもなく、商取引に関心があったとはいえないので商売上手とはいえない性格だった。

真面目で優しい性格ゆえ、取引先が安定して商圏が広がると生産・販売が伸び、地の利を生かした交通の利便性が増すと派生的に顧客が集まってきた。また消費量も高まり、生活の豊かさとともに、娯楽文化や公的施設、観光産業も好循環して道北・稚内・利尻・礼文・樺太と圏域が広がっていった。

しかし、時流の変化を読みとるのは、どんな立場の人でも難しい。

3　終わりをつげたニシン漁

「北海道近海からニシンがいなくなった」

私たちが子どもの頃、盛んに聞かされた言葉である。北海道で春ニシンが最高に獲れたのは一八九七（明治三〇）年に約九八万トンであったといわれる。義二が長野県の一寒村で、そろそろ独り立ちしようかと「出発」を考えていた時であろう。以後、漁獲高は何度かの不振もしくは下降気味であったにせよ、全体的に漁獲は続けられた。

昭和五年の大火によって、すべてを失い、海産商としては店じまいを余儀なくされたが、同居する私の父親が知人の水産会社で働いていたので祖父も景況は気にしていたと思う。

昭和二九年になって日本海側の沿岸に最後の群来があったのを境に、ニシンはすっかり姿を見せなくなった。私が五歳の時であり、義二はすでに物故者であった。その原因について漁業関係者は、「海流の変化」「ニシンの乱獲」「工場排水による河川の汚濁」「産卵期における水温の上昇」などが論じられた。

高橋明雄は、『鰊　失われた群来の記録』（北海道新聞社、一九九九年七月）の著書で次にように指摘する。


凶漁後の沿岸にとって加工原料の確保は緊急の課題だった。ソ連鰊の試験輸入が始まったのは昭和三五年の六〇〇トンからで、年々増加し同四五年には八〇〇〇トンにも及んだ。それらを洋上で買い付けて稚内へ運び、各地の加工業者に配分された。しかし、十余年して抱卵鰊の漁獲が禁じられてからは、主としてカナダ・アラスカ産の原魚に頼るようになり、現地へ技術者を派遣して数の子の採取や塩蔵を指導した。日本へ到着した数の子は「ハチゴウ」へ移し、漂白してから塩水処理するが、最近は伝統の味だけでなく、消費者の嗜好性を読んだ「味付け数の子」などの試みもある。

昭和三〇年代以降、日本でまったくニシンが獲れなくなると考えていた人はいただろうか。水産試験場で人工ふ化の試みや稚魚の放流なども行われた。最近はときどき群来もみられるというが、二〇〇カイリ以降の水産業は、とりわけ沖刺し網漁や遠洋漁業も含めて厳しさを増し、こんなに制限され、衰退するとは考えていただろうか。

明治期に北海道移住してきた人たちの多くは、私の祖父同様、夢膨らませて渡道してきた。苦労や苦難は覚悟のはずだった。一六〇年経った今の時代の変化は想定できなかったかもしれない。大火さえなければ、きっと海産商は続けていたであろう。仮定の話ほど不確かなものはないと実感するが、祖父の肖像画に私は語りかけている。

すでに廃刊になった『日刊北海経済』は「稚内海産商組合八〇周年」によせて、「いま水産業は内憂外患の厳しい状況下で苦闘を続けており、稚内も例外ではない。『打つ手がない』との声も少なくないが、こうした時こそ開拓者精神を発揮し、必ずや将来に光明を見出すであろう。『八〇年の歴史』は単なる時代の流れではないはずだ」と論説し、それからもう四〇年が過ぎた。

先に述べた若狭社長との対談に一条の光は見出せると私は考えている。

4　稚内を通り過ぎた著名人

稚内を通り過ぎて、樺太へ向かった著名人たちも多い。それだけ魅惑的な土地であり、閉じられれば閉じられるほど、こじ開けようとする人間の力は働く。ふだん馴染みのない北海道のまた北の端、樺太には何があるのだろうと好奇心が頭をもたげてくる。それが人間の習性というものだ。

ましてや日本ともいえない、ロシアともいえない、お互いの国が領有権を主張し、一触即発が懸念される地域である。軍事的に衝突すればひとたまりもなく最悪の事態になる。(現に太平洋戦争の終結間際にソ連軍は一方的に侵攻した歴史的事実がそれを証明した)。

そのような地域で当時は一〇万人以上の同胞が生計をたてて暮らしていた。水産業のほか、豊富な山林を切り拓き製紙業や木材業は盛況を極めていた。それにともない飲食業や日常生活用品を販売する店舗が立ち並び、稚内を中継点として連絡船が就航し、鉄道が敷かれ、学校・郵便局・警察署などの公共施設も看板を掲げた。『樺太新聞』などのジャーナルも発行されて在住人口は増え続けていた。

現在、稚内市内にある高台の公園からは肉眼でも樺太の峰々を臨むことができる。また、市内のやや南部にあって、「日本最北端の地」として観光スポットである宗谷岬のモニュメント付近に立つと、約四三キロメートル先が樺太である。私たちが子どもの頃、波が静かな日にはそこを泳いで渡ろうとする猛者が時々ニュースになっていた。夏でもウエットスーツに身を包めば可能と考えていたのか、現在ではそれも夢物語である。

5　中江兆民

一八九一（明治二四）年七月、中江兆民は小樽で創刊された新聞『北門新報』の主筆につくため着任した。当時の稚内・利尻・礼文は小樽商圏だったので、時事や地方政治、商取引や印刷業などは小樽との関係は深かった。着任後まもなく、兆民は九月に小樽から増毛まで船を利用（現在「ニシン街道」と呼ばれるルートを取材）しながら、それより北へは海岸沿いに馬を乗り継いで道北を旅して稚内入りした。九月八日、中江兆民は四五歳であった。兆民が訪れたころの稚内村は人口二六〇〇人、世帯数四五〇あまりだった。旅の感想を次のように書き残している。

「抜海（ばっかい）より、しばらく深い林の中に向かって進んでいくこと二、三十町で正しく稚内だった。増毛を出ていらい、ここで初めて数百戸から成る市街地を見て、喜ばしいこと限りない。アフリカから一足飛びにロンドンに行った人のようだ」

6　牧野富太郎

「余が北見の国利尻島に登ったのは、（明治）三十六年の八月である」の書き出しで始まる『利尻山とその植物』（底本は『山岳　一の二』一九〇六（明治三九）年六月）は、植物学者で知られる牧野富太郎である。

「友人の農学士・川上滝弥君が、数年前に数十日間の間この山に立籠もって、採集せられた結果を『博物館雑誌』に発表したのを読んでから、折があったら自分も一度はこの山に採集に出かけたいと思っていたが、何分にも好機会がないので、思いながら久しく目的を達することが出来なかった」というのが出発動機だった。

植物学者らしく、交通手段や地名、宿屋名などたいへん詳細に日程をメモされているので参考までに必要なところだけ抜粋し記述すると、七月二六日に東京を出発してから札幌に到着したのは八月三日であった。途中、病にかかり三日間滞在し、七日に小樽から稚内へ向かう船に便乗した。海上は至って穏やかで、一週間に一回の定期航海船・日高丸は途中、増毛、焼尻島、天売島に寄港した後、稚内へ。利尻島へは翌八日の午前一一時頃、鬼脇港に到着した。午後一時頃には登山道のある鴛泊（おしどまり）の港に投錨した。「人家は格別沢山もないが、所々に漁業をなすものの家が幾軒ずつか散在している位である」という。

「利尻山は信心にて語る人が日帰りに登るだけのこと」

「道もとより悪いし、山上に泊まるべき小屋などある訳もない。十日、いよいよ利尻山に登山するために、鴛泊の宿を払暁に出発した、同行は例の四人の外に人足がたしか七人か八人であろう、つまり一人に就て人足二人位の割合であったように思うている」

「この絶頂に立って眺むるというと、東北の方に当っては、宗谷湾が明かに見ることが出来て、白雲がその辺から南の方に棚引いて、広き線を引いておって、から幽かに天塩の国の山々を見ることが出来た」

「それから今は日本の領地となったのであるが、樺太の方は、この時朦朧として、何れが山であるか雲であるかを見分けることもできない有様であった」

「(残っている) 雪の両側にはキンバイソウが黄金色に花を夥しく生じておった、その萼弁 (がくべん) が十枚以上あって、あるいは一の新種ではなかろうかと思われるほどである、リシリキンバイソウもこの辺に生じていたし、エゾコザクラも丁度花盛りであった、無論この残雪のあるあたりは、幾分谷のような形をなしていて、その谷の両側は殆ど一面にハイマツが土を掩 (おお) うている」　『山の旅　明治・大正篇』岩波文庫 (二〇〇三年九月)

7　宮沢賢治

稚内と樺太・大泊を結ぶ「稚泊連絡船航路」が開設されたのは一九二三（大正一二）年。最初に就航したのは壱岐丸、対馬丸だった。（両船名はこの地域には馴染みのなかったので、後に樺太・亜庭湾から名づけられた亜庭丸が就航した）。詩人の宮沢賢治も開設された直後の八月、この船に揺られて樺太を訪れている。季節は真夏といっても、この地方としてはたぶん寒かっただろう。

当時勤めていた岩手県の農学校の夏休みを利用して、約二週間の青森・北海道・樺太の旅に出た。（青函連絡船は直営航路として一九〇八（明治四一）年に開設されていた）。

旅の目的は、前年の一一月に亡くなられた妹・トシさんを探し求める旅でもあったと記されている。なぜなら、この旅で賢治は青森に向かう夜行列車の中で『青森挽歌』（八月一日）を詠んだといわれ、賢治の悲しみと葛藤が長詩で生々しく表現されている。挽歌とは葬送の詩で死者を葬る時に詠われる。

それから北海道に渡って樺太に向かう先には、稚内を経由する。

青函連絡船ではトシさんを偲んだのかもしれない賢治は、樺太へ向かう稚泊連絡船の甲板に立って、夜空でも眺めながら宗谷海峡を航行して旅を思いやったであろう。『宗谷挽歌』では、

「宗谷海峡を越える晩は／わたしは夜とほし甲板に立ち・・・」と詩情をかきたて、八月二日とはいえ、まだ肌寒い連絡船の甲板に夜通し立って詩を詠った姿が目に浮かぶ。

8　林芙美子

『放浪記』で有名な林芙美子も一九三四（昭和九）年五月に、亜庭丸で樺太を訪れている。たくさんの紀行文を残していて、「樺太への旅」は『文藝』一九三四年八月号に掲載された。初出は『私の紀行』（新潮文庫、一九三九年七月）で、現在では「樺太への旅」『愉快なる地図』（中央公論新社、二〇二二年四月所収）で読むことができる。

樺太に渡る前に、とうぜん稚内を中継しなければならないが、連絡船出航まで二時間余り

の時間があったので、初めて稚内駅に降りたって町の周辺をスケッチしている。五月二四日に津軽の海を渡ってほぼ一週間、「六月初めだと云うのに、氷雨もよいでまるで冬の季節」と文頭から印象が悪い。とにかく稚内の町は「寒くて、煤けた小さな町」あるいは「鰊臭い、鳥の多い町」と独特な表現で当時の町の雰囲気を紹介している。

「荷物を船へ頼んで、この冷えたようにひっそりとした町を歩いてみました。町は色々な匂いを持っています。昆布臭かったり、魚臭かったり、石炭臭かったり、私はそこで、これらの色々な匂いから、色々な聯想を愉しみながら戸を開き始めた商店や、まだ灯のあかあかとついている沢山の宿屋の軒をひろって石炭殻と砂でしめっているような道をぽくぽく歩きました。街路樹もあるにはありましたがまだ枝ばかりなので、私には何の木だかよく判らない。道路の正面には寺がありました。鉽力屋根なので、一寸寺のようには思えませんでした。

だがいかにも北海道の北のはずれの港らしく、私は、町に漂う匂いのなかから雪深い冬のこの町の姿も考えてみるのです。吹雪で船が出なくなると、宿屋と云う宿屋は海峡を渡るお客でいっぱいになるそうですが、この稚内ではこんな挿話を聞いたことがあります」

林芙美子にとって、稚内の街の匂いが敏感に鼻をついたようだが、もちろん現代はそのようなことはない。それだけ水産業を中心に繁栄し、樺太と経済的互恵関係にあったということだ。この後、亜庭丸は「小奇麗な船」であったといい、八時間あまり船上で過ごした後、大泊港へ到着した。樺太では大泊・豊原・新問・敷香を訪れた紀行文を寄せている。

9　岡田嘉子

新劇女優・映画女優として一世を風靡した岡田嘉子の逃避行は、稚内そして樺太国境をも通り越した。これは訪問が目的ではなく、ロシア（当時はソ連）への亡命が動機だったので歴史的事実として記しておきたい。前述した四人と違って、ゆっくりと情緒深く稚内を通り過ぎたわけではなく、いわゆる「目立っては困る」隠密行動なので駆け抜けるように稚内の地を通り過ぎた。

一九三七（昭和一二）年一二月二七日、暮れも押し詰まる頃、杉本良吉（演出家）と二人で慌ただしさの残る上野駅を出発した。三一日には樺太・敷香の旅館に投宿したというから稚内を通り過ぎたのは三〇日だったと推測できる。翌年一月三日には、「警官隊の慰問」を名目にして国境線に向かい、ソ連側に越境したという。この時期の気候として穏やかな晴天は期待できない。厳冬期特有の地吹雪（ブリザード）のなか、まさしく強い意志をもって亡命した。

入国後、ソ連当局の厳しい追及により、「思想信条に関わらずスパイ容疑」によって監禁され、杉本は翌年一〇月に銃殺された。岡田も自由剥奪一〇年の刑を言い渡され収容所に送られた。あくまでも個人的な理由による亡命・逃避行だが、映画界のトップスターとしての行動だったので社会的な反響は大きかった。その後、日本に滞在してテレビ界に出演するなど元気な姿をみせていたが、一九九二（平成四）年にモスクワで死去した。八九歳の生涯だった。

「大日本帝国境界」稚内市樺太記念館所蔵

第八章　移住の受け手となる「地方」を考える

1　移住の受け手となる「地方」

私は故郷を旅立ってから五七年が経過した。

高校卒業までしか居住していなかった土地のことを僅かな記憶を頼りにして記述するには、なんと冒険に近かった。まして祖父とは実際に生まれてから一年有余しか共に過ごしていない。無謀な試みとは知りながら、「祖父の語り」をモチーフにした構成には今でも自信が持てない。なぜなら祖父の実像は知らないからである。

母が五五歳で亡くなってから、父は私と同居するため「一枚の肖像画」を持って上京したのは私が三一歳の時だった。以来、肖像画の祖父に向かって、何かを「語りかける」と自分の心は落ち着き、「なぜ北海道・稚内まで渡ったのか」と逆に尋ねていた。当然、答えは明確にかえってこなかった。各章の文頭に書いた言葉は、祖父が語っただろう文言を想像して私が勝手に叙述してみた。したがって「語りあい」ではない、「語り」の一部である。

その時点からすでに四〇数年が経ち、もう今しかないだろうという切迫感だけで筆を執ったのが本書である。

ところが書き進むうちに、ある事に気がついた。それは明治期の「開拓移住」と現代ブームになっている「移住」では、受入れ先の情報量に大きな差異がある。つまり、受け手となる「地方」は、移住者にとって重要な選択肢となるため、選ばれる存在なのだ。開拓移住の情報は、募集方法も限られていて集団移住や屯田兵移住を除けば、「こんなところですが、良かったらどうぞ」といった程度の呼びかけだった。そこには、あらかじめ予想される苦労や苦難は当たり前で移住者は、いわば人生のすべてをかけて目的地に向かった。それがフロンティアといわれる所以であり、祖父・義二は単身で渡道したので孫子の世代まで何らかの影響を与えるとは考えてもいなかっただろう。

現代では、移住の受け手となる「地方の生活状況」は、必須条件の一つであり、その情報はタイムリーに提供され、移住予定者に有利に働くのである。必要によって海外からの移住者には言語はもちろん、就業や娯楽に関わる情報基盤まで揃えなければならない。
その受け皿となる「地方」は、すべてが「人口減少」に直面している。

2　団塊の世代＝後期高齢者の体験

「団塊の世代」最後の私たちも二千万人を超える「後期高齢者」の仲間入りをした。大学受験と就職試験、どの時期でも多数のパワーに数えられ、果たして満足のいく充実した人生を送ることができたかどうか分からない。体力の機能低下とともに、記憶と忘却のアンバランスも進んだ。記憶が必要なことを忘れ、忘れてもいいことをいつまでも覚えている。人は記憶と忘却のコントロールはできず、たえず苦悩と葛藤に悩まされている。そのうえ、この時期にきて福祉・介護・保健・医療サービスの対象者でもあるはずなのに、社会保障の世代間格差という壁に目的化されている。

多数のパワーというのは、政策の選択や実現、そのための運動や決定をする人にとっては好都合であろう。それに与する人は多数のほうが利点に恵まれ、たいした自己意思を持たなくても物事や事態は進んでいくからである。問題はマイナーや異質、異例な存在の立場の人は「弱者」と呼ばれて排除されていく点にある。

私が大学に通っていたころ（一九六八年―七二年）、学生運動は高揚期にあり、さまざまな評価はあるが「多数と少数」にはっきりと分けられていた。「学園民主化闘争」を叫ぶ多数派はいつも勝ち誇ったように授業を自ら放棄し、権威主義的な大学教育を否定した。その論理や多数派を批判するわけではないが、個性的な才能の持ち主や私のような地方出身者の「夢とロマン」を一方的に対置し、隔離していく行動には激しく反発した。

何度も授業を妨害された私たちの「学びの環境」を学内ではなく、中央区・旧築地市場の青年労働者サークルに指導教官は導いてくれた。私たちと同年代あるいは就職したばかりの年下の世代、「教育の機会均等」に恵まれず、しかし人生の役に立つ何かを学びたいという少数派であり、疎外された存在だった。そこで私たちゼミ仲間に向かって強烈なひと言を発した青年がいた。

「僕たちは勉強したいと思っているのに、あなたたち大学生は学問を捨てたじゃないか」

この発言を聞いて私は、突然頭を殴られたようなショックに襲われ、心は痛み、しばらく放心状態が続いた。先生には、「教室の中では分かっているつもりでも、労働の現場では、いろいろなことが起こるね」と指導された。それが教室や教科書では学べない「自己教育・相互学習の意味」だと知った。

早朝から働く彼らは昼過ぎには仕事を終え、フリーな時間になる。教室は共同事務所の二階、教材は毎日の新聞を個人個人が持ち寄った。スポーツ、事件報道、政治経済、株情報、国際紛争、観光案内、なんでもよかった。読んだ人が感想を述べて意見交換する相互学習の場に教師はいない。いつも話題になることは「働くとは」「金を稼ぐとは」「友情とは」「夢とは」「家族とは」だった。このようにして多数と少数の位置関係、排除と疎外は、友人・仲間との協力に転換していくものと実感した。

話し合いが沸騰したのは、「故郷とは」に話題が集中した時である。ある青年は集団就職列車で来た経験を語り、五年ぐらい働いたら故郷に帰る話をしていた。私も卒業したら故郷で仕事をしたいと言った。

一九七〇年といえば、日本は高度経済成長期の真只中である。技術革新とともに産業構造の転換を企図しつつ、三大都市圏に人口集中を図る政策を展開していた時代である。それによって若年労働者や若者世代に「夢とロマン」をふりまき、生活環境や基盤整備の充実策で都市間競争を煽った。意図的な人口移動で膨張した構成は、種々の都市問題を発生させたにも関わらず、「団塊二世」といわれる世代の合計特殊出生率も高めに推移した。しかし地域格差の歪みは、私たちが飛び出てきた「地方」にまで影響が及んでいたのである。

国や地方自治体は、こうした経済成長は二〇年、三〇年は続くと考えていただろうが、五〇年、一〇〇年持続すると断定するほど考えていたとは思えない。少子・高齢化社会の進行とともに、「人口減少」に警鐘が鳴らされていたサインに気がつかなかったのだろうか。

3　「人口減少」を考える

将来の経済指標と同様で、人口推計も不確定要素が多いことは理解する。そこで国民は、公的機関である国立社会保障・人口問題研究所が発表する指標を信頼する。もちろんホームページ等で公開するので迅速に知ることができ、出生数と死亡数をそれぞれ高位・中位・低位と区分し、ある程度の幅をもって基礎となる根拠とトレンドを発表する。コーホート要因法を用いて将来人口を推計していくので、それ自体に問題があるわけではなく、国勢調査と合わせて比較すれば、より確実性が増す。

しかし、研究所が発表する推計は国家レベルの数字であり、地方でも都道府県レベルの推移が中心である。より国民生活の実態を浮彫りにするのは市町村の現場である。なぜなら市町村は推計の基本となる「自然増・減」（出生数と死亡数の差異）や「社会増・減」（転入数と転出数の差異）をホームページ等で発表する。一七〇〇有余ある市町村に人口推計の専門家はいないので、必要な場合には民間研究所やコンサルタントに依頼しなければならない。

特に、数字の分かれ目は「社会増・減」数に現われる。市民の要望に応えるべく市町村の仕事は総合計画や予算編成、首長候補者のマニフェスト等で知ることができるが、国家の地域対策もしくは活性化策に大きく左右される。

著しい「人口減少」への政策は、二一世紀に入ってから地球規模でも叫ばれ、とりわけ日本の場合は、国と地方の関係において二転三転、めまぐるしく変わっていく。また関連する自治体改革の視点でも、市町村合併や地方分権、コンパクトシティ構想やパイロット事業（地方からの提案）、自治体外交の推進、納税対策や地方創生策、まちづくり対策や観光・移住政策、共同体（コミュニティ）振興策や地域住民組織、小規模多機能自治体策や広域（圏域）拠点都市構想、地域おこし協力隊の設置や関係人口の認定、連携中枢都市圏・定住自立圏の形成など、自治体職員でもみまがうほど多種多様な政策のオンパレードである。

これらの多くは国の機関でいえば総務省や内閣府の直轄事業であり、直接、「人口減少」対策と結びつくものではないが、補助金や交付金の算定とされる、いわば「国の地方対策」といえる。なぜ変わっていくのか。モデル（実験的）事業、委託事業の場合は、評価として効果性が薄いとサンセット（終了）しやすい。地方にすれば独自財源を使わずに住民サービスができると開始するが、サンセット後も創意工夫をして細々と引き継いでいく事業もあるので負担感が拭えないからだ。

いま、喫緊の課題として「人口減少」対策は、国と地方自治体との関係性にあると考える。根本的には、日本の地方制度のあり方とも関係する。

喫緊とは言いながら人口減少は一九七〇年代の初めから政策的なアクションが求められて

いたのにも関わらず、国はまったく無策であった。そのツケが今を生きる私たちに回されている。高度経済成長期に三大都市圏へ大量に人口移動した私たち「団塊の世代」の責任もある。

地方にとって在住する人口数だけが繁栄のバロメーターではないはずなのに、日本は二二世紀に向けて全国の人口が三千万人もしくは四千万人も減少するだろうと推計されている。つまり現在、一億二千万人余りの総人口は九千万人とも八千万人とも推計されている（『中央公論』二〇二四年二月号）。この数字は、一〇年前に「増田レポート」（二〇一四年、座長・増田寛也）と呼ばれ、地方自治体の多くは「消滅ないし消滅可能性がある」と全自治体を列挙して比較した「ショッキング・レポート」を同じ増田寛也（元岩手県知事・元総務省庁官、現在は日本郵政社長）が中心となって新たな警鐘を発表した。

今後、自治体間では「移住者の争奪戦」が繰り広げられる。いやもう始まっているだろう。争奪戦は横から横への平行移動にすぎないのであって、総体数の変化に何も影響もしくは反映されない。

4　地方制度の改革

地方制度を検討・審議する「地方制度調査会」は、戦後まもなく発足して六〇数年も続いている。審議会、調査会などを多用する政治手法のなかでも、息の長いほうに属するのではないだろうか。その理由は、「地方自治は民主主義の学校」といわれて、市民生活に直結する基本的なあり方を政策形成に生かすよう審議・答申してきたからだと考える。

第三三次地方制度調査会は、地方自治体の仕事の質量変化に伴い、「新たな利便性や付加価値を生む可能性も期待し、社会全体のデジタル・トランスフォーメーションを一層加速化して、行政サービスのあり方を大きく変える」ことを期待している。その理念は、住民が「行かない」「迷わない」、「待たない」、「書かない」ことを目的とした窓口業務の改革に取り組むという。また、それらに対応した地方自治体間の連携・協力及び公・共・私の連携を図っていく考えが述べられている。

少子高齢化・人口減少の局面への対応については、依然として「連携の枠組みである連携中枢都市圏・定住自立圏の形成」という「都市の姿づくり」だけに終始し、そのために広域的な産業政策、観光振興、災害対策など、「比較的連携しやすい取組みを実績として評価」している。残念ながら「人口構造の変化により、今後は、インフラの老朽化や人手不足といった様々な資源制約の更なる深刻化が予想される。地方公共団体には、持続可能な形で住民生活を支えていくため、それぞれが有する資源を融通し合い、共同で活用していく視点がますます求められることになる」との期待感や抽象的な表現が目立った。『ポストコロナの経済社会に対応する地方制度のあり方に関する答申』（二〇二四年一二月二一日）。

人口構造の変化は喫緊の課題であると指摘したが、具体的な政策内容や計画実施は各省庁の発表を待たなければならない。国と地方の関係や特例を規定するため地方自治法の一部改正など法制度の枠組みを変える手続きも必要である。自治体自らが地域イノベーションを促していく姿勢も重要だが、当面は地方行財政制度の改革を継続的に実行すべきと考える。とりわけ人口減少に取組む地方の実情は、産業構造の変化に追随できない独自財源の確保が困難である自治体が多い。現行の交付税制度、補助金行政では自治体の個性や特色を引き出すまで十分ではなく、コンサルタントへ委託するのがせいぜいである。またフラットな住民の共同組織の長所や互助の精神が生かされない。交付金でいえば配分率や自治体間の格差が生じて、首長任期の間に中期的な街づくりに取組めない欠点がある。

住民にとって極めて可視的な政策要望に応えるため、地方自治体による「人口の争奪戦」は、どうしてもイベント開催やプレゼン合戦に終始してしまう。視点を換えていえば、自治体の枠組みを超えて、「融通・互恵・連携・共用」などが伴う政策のリーダーシップが必要である。

交付税制度の改革には財源のみならず事務の権限移譲が伴う。一九八五年以降、世界的な地方分権化の動向を受けて、日本でも分権論議が政・官・民あげて行われたが結論が出ないまま中途で終わってしまった。

これまで述べてきた「人口減少」という課題に、日本の最北端の地で日々取り組み、ご健闘されている工藤 広・稚内市長を訪問しました。ここに登場する工藤広さんと堀江文博さん、そして筆者の三人は、小・中・高校の一二年間、同級生としてともに稚内で育ちました。その後の人生で工藤さんは稚内市に奉職したUターン組、堀江さんは東京で外資系民間企業に勤めた後、札幌市に在住するJターン組、筆者は現在も神奈川県に在住する一方通行組で責任を感じています。

いわば三者三様の生き方をしてきましたが、今でも「ふるさと稚内」を想う気持ちは一緒です。稚内の明るい将来に向けて日々関心を持ち続けておりますので、少しでも参考になればと意見交換を行いました。

「鼎談」（ていだん）のかたちで論じましたので、ぜひご一読ください。

（鼎談）「稚内市の将来に向けて」

工藤　広　（稚内市長）
堀江　文博　（札幌市在住）
川野佐一郎（相模原市在住）
（同級生３人による鼎談）

祖先の方はどちらから来ましたか

川野　七〇歳を過ぎたころから自分のルーツについて調べてみようと思い立ち、生まれ故郷の稚内のほうにいろいろ資料や記録が残っているかとお伺いに来ました。まず初めに、最近の稚内市のことについて事前に調べてみましたら、議会の議事録やその他の資料などで

「人口減少」のことが話題になっています。ホームページをみますと、政策的には人口減少対策監を配置して、移住の呼びかけや地域おこし協力隊の案内を発信しています。稚内に限らず人口は減らすより、増やしたほうがいいとは思いますが、全国どこでも人口が減っていくなかで、自治体間で人数の増やし合いのような現象がみられると思います。人口増を図るため、政策的には困難な状況と思いますが、私たちも応援する意味でこういった機会をお願いしました。移住するならば、ぜひその土地の歴史と文化を理解して来てもらったほうが、受け入れる側もそのほうがいいとお考えではないでしょうか。かつて私たち三人は同級生ということもあり全国に向けて情報発信したいと考えています。私たちの祖先はあちらこちらから北海道に来ていると思いますが、市長の祖先はどちらから稚内のほうに定着したのか子ども時代はどのようにお聞きになっていましたか。

工藤　父親は樺太生まれですよ。祖父は青森から移住して樺太に渡ったと思います。記憶によれば、樺太で山の切り出しみたいな仕事をして生活していました。戦後樺太から引き揚げてきた人たちは財産も全部捨てて着の身着のままという悲惨な状況だったと訊きました。連絡船に乗ることはたいへんでしたが、祖父の姉の家が手広く旅館をやっていたみたいで、たまたま連絡船を使わず、自分たちが用意した船で来たようです。連絡船はふつう函館や小樽にわたりますが、稚内に住みたいという人たちがこの地に降りたわけです。当時の記録では五千人〜六千人もいたそうで、稚内の人口も増えたようです。したがって稚内も我々が生まれた昭和二四年に市制を施行しました。母親はもともと秋田の出身で炭鉱関係だと思います。ある意味、どちらも樺太の開拓、北海道の開拓の夢をみて渡って来たようです。母親は士別のほうで育ったが兄弟が多く、当時の稚内は賑やかな町だったので、たぶん両親はこの町で知り合ったと思います。

川野　そうすると戦後まもなくの話ですね。

工藤　そうですね、引き揚げてきたのは昭和二二〜二三年ごろのようです。

川野　それで私たち三人とも同じ昭和二四年生まれとなり、後にいわれるベビーブームの時代ですよね。移住とか開拓とか歴史的には青森や秋田、山形など東北地方からの人が多いようです。

工藤　そうです。名字だけ聞くと、「工藤」は青森に多いようで、現在も青森出身と訊きます。特に日本海側の五所川原や黒石といったところでしょうか。

川野　北陸からの移住者も多かったようですね。

工藤　北陸出身も多いです。

川野　私の祖父は長野県から山形県酒田あたりから北前船に乗って小樽につき、現在でいう「ニシン街道」小樽から増毛、留萌を経て稚内に着いたのではないかと思います。

工藤　ニシンが獲れた時代で水産業あるいは海産商という商売を考えれば、まさにそのとおりだと思いますね。

川野　堀江君の家はどこからですか。

堀江　私の先祖も稚内に来たのは明治二三年です。出身は石川県の「大聖寺」といって、いまの加賀市から夫婦で来たようです。森江家に生まれて堀田家へ養子に行ったが、家を出て堀江と名乗り、寿都を経由して稚内へ来ました。雑貨等の小売業を始めたようです。屋号は「ほ堀江商店」でした。道北の「消費都市」としての発展を期待したのでしょうね。

川野　それは何代前の方になりますか。

堀江　僕が四代目ですから、三代前の曽祖父になります。初代が「又一」という名前で、祖父は「又二」といいます。当時は解りやすい名前ですね。

母の先祖も青森・五所川原で、木材業をやっていた猿払の浅芽野から嫁入りしたそうです。

川野 小学生のころ、自宅は、(現在の市役所の近く、以前は小学校があった) このすぐ近くでしたよね。

堀江 そうです、小学校は鐘がなってから走って間に合いました。

川野 いま三人の話を訊いただけでも、それぞれのルーツはいろんなところから集まってきているのですね。

工藤 堀江 そのとおりですね。

子どもの頃の稚内の町はいかがでしたか

川野 そうした稚内の町が大きく変わるのは、明治四四年、昭和三年、昭和五年と三度の大火に見舞われるわけですが、なかでも昭和五年は北浜通り一帯や旧町役場、郵便局などにも延焼し、私の祖父の店である「川野海産商店」も一切の財産、記録、写真なども失われてしまうわけです。私も父から聞いた記憶しかなく、今回の調査の目的は「そのお店の存在と位置」を確認しに来ました。幸い、昭和五年六月の古地図とその半年後の一一月二日付け「北海タイムス（現在の北海道新聞の前身）の記事」が残されていて教育委員会のほうからいただきました。北防波堤近くで確かに「川野海産商店」があり、隣に「樺太事務取扱所」がありました。子どもの頃には稚内の町をどう感じていましたか。

工藤　親の仕事関係で稚内駅の近くに住んでいたので記憶はあります。材木屋さんなどあり、この辺りでよく遊んでいました。水産業の町ですから、旅館や料亭、居酒屋なんかも多かったですね。今はみな代替わりをして、商売を止めた方も多いですね。

川野　この地図などをみても、稚内はとてもコンパクトな町で、町全体がひとつのコミュニティとなって、住民の気心が十分知れわたっていましたよね。町の区画もしっかりしていたと思います。

工藤　昭和五年でこれだけの店舗があったということは、すごい発展していた町だったと思いますよ。

川野　しかも町の中心にあった稚内小学校に通ったわけですが、お店を営んでいた家の子どもたちが多かった、僕もそうした家によく遊びに行きました。堀江君の家や寺江のパン屋さん、山崎の電気屋さん、戸川の自転車屋さんもそうでした。

工藤　同じ学年は六組で三〇〇人近くいたと思いますが、そのうちの五〇人～六〇人くらいは札幌や東京に行ったように思います。それに裕福だった水産業（底引き漁船の船主）関係者も稚内というより全道レベルで裕福な家庭でしたよ。

川野　ですから割烹や食事処さん、それに映画館も多かったように思います。

工藤　そうでした、映画館も四つくらいありましたから。

堀江　映画を見ていたら、２階から煙が出て火事になったのを覚えていますよ。宝映劇場といったかな、映画は「若乃花物語・土俵の鬼」でした。

川野　私も稚内劇場の隣に住んでいましたが、すぐ近くの中央廉売（数十軒の店舗が立ち並ぶ建物）も火事になりましたね。とても火事が多い町という印象もあります。「函館大火」も有名でしたが、一瞬のうちに町の姿が変わってしまいますね。

川野　このように話し合っていると、やはり小学生時代がとても思い出がありますね。

工藤　小学校は入学してから卒業まで一回もクラス替えがなかったので、クラスの友だちとは、その当時もそうだが今でも仲が良いと思います。担任の先生は四人変わりましたけれど、四人の先生たちとは亡くなるまでお付き合いしました。

堀江・川野　僕たちは一組でしたが、先生も二人だけでした。最初の先生は結婚のため東京に行き、四年間教わった先生は若くしてお亡くなりになり、一昨年二人で札幌の市営墓地までお参りに行ってきました。

川野　先生と生徒の関係もよく、生徒同士もみんな仲が良くて、そして地域の人たちに見守られて、いろんな遊びをしたなあと思い出します。中学校はどうでしたか。

工藤　一一クラスもあって、やはり三年間一緒のクラスでした。あまりクラス替えを経験していないよね。どうも我々の年代、その時だけなんですけど、どうしてなのかな。団塊の世代といわれて人数が多かったからかな。高校に入ってからは二年生から進路別クラスに編成されてクラスの男女の数が極端に違ったよね。とてつもなく、いびつな感じがしていました。我々の世代、この年代だけ人数が多すぎたのか、実験的なクラス編成を先生たちは試みていたように思います。

「人口減少」についてはどうお考えですか

川野　先日（二〇二三年一二月二一日）「第三三次地方制度調査会の答申」が出て、人口減少社会を迎えて地方はどのように変わっていくのかという内容でした。一九四九年に生まれた私たちの世代は二六九万人、昨年（二〇二二年）の新生児は七七万人という状況のなかで、地方はどう対処するのかという答申でしたが、日本全国の人口数はピーク時の一億二千六〇〇万人（二〇〇八年）から九千万人、八千万人と推計されている時代に、自治体間で人数を取り合ったりしている状況の中で、地方は何か知恵を出せ、工夫をせよといっても無理なんじゃないかと思いますが、いかがでしょうか。

工藤　なぜこんなに人口減少がはっきり見えているのに、国は何の手も打たないのかな（打っているだろうとは思いますが）テーブルの上での話だけに終始してしまうのか。フランス、ドイツだって回復にある程度成功しているのに、日本の政策はなぜ後手に回ってしまうのか、そして全部地方任せにして「元気がない地方」「何もやらない地方」と責任転嫁してしまっていいのだろうかと思います。

川野　今ごろになって子どもに対する政策が、やっと「異次元」などといって議論を始めました。

工藤　それだって財源はどうするのか、どういう方向で施策展開するのか、あまり明確ではなくて地方としても困っているのが現状です。

川野　先ほどお話しのありました、私たちが子どもの頃の稚内の人口は六万人に近い数字でしたが、今はもう間もなく三万人を切ろうとしているようですよね。

工藤　でもその原因は、歴史的にみれば日本は高度経済成長期に首都圏に人口集中させる政策を行ってきたわけですから、その影響はありますよね。しかし、稚内のように中央から離れている町は、「基幹産業は何ですか」とよく訊かれますが、「水産業と酪農と観光です」と答えます。しかし従事者の実態は「建設業と公務員と年金者」なんです。中央から離れている関係で国の出先機関があるので公務員が多い、社会はＤＸといいますが、市としては人件費の見通しをどう立てるか至上命題です。そうしたことは自治体のみならずＪＲ（公営鉄道としての交通基盤）や二〇〇海里（ＥＥＺ）問題で地盤沈下した水産業に直接影響があったのですが、それでもなんとか三万人の人口を維持できたと思っています。

川野　やはり二〇〇海里の影響が大きいですかね。

工藤 広（稚内市長）

工藤　当時（昭和五二年）でも人口五万人いたけれども、あと数年で三万人になりますと言われていました。それはコンサルタントがきて人口推計するわけですが、ここまで来るのに約四〇年以上かかっています。今は何が一番問題かというと、かつては社会増減の「減」の部分が、合理化や一極集中、札幌圏へ吸い上げられていくので、家族複数人で転居する代わりに、たとえば公務員など仕事で来る人間は単身赴任なので数字的にはマイナスになるわけです。常に人口が置き換わって推移するので人口は減少状態になるわけです。社会減が続くのは仕方がないと思うが、わが国全体がベビーブームで人口増加した時代は社会減以上に自然増が上回っていた。しかし、戦後ずっと続く社会減に対して、まあそれでも三〇〇人ほどは誕生していたが、ここ十数年は自然減による影響が顕著に現れてきました。現在は年間一五〇人生まれて、四七〇人が亡くなっていきます。それだけで三〇〇人強が減少し、それに社会減が加わるような状態です。それは稚内だけでなく函館、小樽、釧路も同じ状況です。

川野　我々年代も高齢者になって、やがて亡くなっていきます。これはとてつもない人数ですから、いっそう自然減が加速化します。

工藤　だから国の人口が八千万人になるというのは分かりますが・・・

川野　しかし理解はできるのですが、考え方としては急激に人口減少が進むのではなく、いろいろな政策を用いて、少しなだらかにカーブしていくように我々世代が引き継いでいかなければならないと思います。かつて稚内でも四〇年かけてペースダウンさせる努力をしたわけですので、これからもっともっと地域がよくなってほしいですね。

堀江　同感です。

川野　いわゆる人口減少に警鐘を鳴らしたのは十年前の「増田レポート」でした。全国すべての市町村をランキングして、稚内も消滅可能性都市か、消滅都市に位置づけられたと思うのですが、かなりのショッキング・レポートでした。そしてまた今年の中央公論二月号で二一〇〇年の人口減少をレポートしていましたが、長期的視点は大事だけれども、どうも切迫感が足りない報告内容でしたね。

工藤　だからみんなで努力して八千万人に留めるみたいな話ですが・・・

川野　競争を煽って自治体の政策に期待するというようにも見えますが、地方自治体にとっては先ほどの話にあったように、その地方の人口の適正規模はどれほどなのか判断しなければならないと思います。

工藤　でも自治体に話を振るにしても、まずその前に考えなければならないこと、やらなければならないことがあるように思います。

地方自治体がやらなければならないことは

川野　堀江さんは民間企業に長い間勤めていましたが、どのように思いますか。

堀江　外資系エンターテイメント会社のマーケティングに携わって来ましたが、何をやるにもスピードを求められました。国がやることはとにかく遅い。

川野　国際競争が激しいということですか。

堀江　そうです。決算は一年ですが、クォーター毎に結果が求められ、常にレスキュー案を持っていなければなりませんでした。選択と集中、その実施にスピードアップが必要とされました。

堀江 文博

川野　でも人件費というか、やはり労働力不足を招いているのは人口全体が減少しているのも一つの原因と思います。若い人が少なくなってきている状況で、特に建設業や物流業が大変な状況だと思います。

工藤　稚内のような町にでも外国人が入ってきて、以前は技能実習生のような制度で受け入れたが、今は特殊技能の観点から雇用しているけれども、自然減が進む中、もう地方でそれを食い止める方策は無理で、雇用という点では他所から連れてくるか機械化するしかないと思います。先般、ベトナムの町を訪問した際、若い人たちが多いのと、まもなく一億人になるという国民のエネルギー、勢いは感じましたね。

川野　我々の祖父の時代も「夢とロマン」をもって北海道に移住してきたと思います。しかし今の若い人に「夢とロマン」といっても全然通じない、ですから稚内に呼ぶことも大事ですが、なるべく稚内から出ないようにしたほうが基本的には良いような気がします．出たらまた戻るようなことを考えたほうがいいと思います。

堀江　まったく同感です。　移住を歓迎しつつ、転出を思い止ませる「稚内セールスポイント」の創成ですね。

川野　ということは高校生レベルで、なるべく地元にいてもらう。

工藤　それは少し難しいところがあって、それはもう若いのだから、いろんなところに出てチャレンジしてきなさいと思いたいし、半分は稚内ではなく、自分の能力が発揮できるところで頑張ってと言いたい、もう半分は残ってもらいたいといった複雑な心境です。それは我々ベビーブームの時代の子どもたちは、みんなどこかに出ていってしまいました。それを止めなかったのは我々ですし、現在の人口減少の要因も団塊二世の子どもたちが社会減となってしまったわけです。気がついてみれば、今の状況を招いた我々にも責任の一端があると思います。

日本社会が右肩上がりに成長していた時代に、もっと地方の問題を切実に考える人がいれば、こういう事態にならなかったと思います。先ほど話し合った我々のクラスをふり返っても、いま残っているのは五〇人中三人ぐらいでしょう。クラス会やるにしても東京か、札幌かになってしまいます。

川野　昨日訊いた話では、現在の高校も定員割れと訊きましたが・・・

工藤　それはもう悩ましい問題で、かつて高校は市内に２校しかなかったが、いまはもう管内に複数の高校が住民の要望でできました。それらもみな定員割れですが、それじゃ統廃合しようとしてもきっと大騒動になりますよ。病院をなくすると同じくらい大変です。かっては優秀な学生を一校に集めてということでしたが、今はそうした価値観も変わりました。高校教育も地方では地盤沈下が進んでいます。

川野　しかしまあ高校生、あるいは中学生の時から地域の現実、地域を見る目を養っておかなければ、郷土を愛する心というのは生まれてこないのではないでしょうか。

川野 佐一郎

工藤　本当に地域や親がやっていることを尊敬できる目を育てる教育、地域が廃れるのを待つのではなく、まさに百年の計として教育には力を入れていきたい、日本の各地を回ってみて思うことは親の職業を継いでいく人がけっこう多いです。ところが北海道はフロンティア精神と表裏一体みたいなところがあって、あまり土地に執着がない、どこか違うほうに向かっていくところがあります。ある一面だけ見ると地域に定着しない、農業だと土地に縛られるが、漁業だと漁からあがってくるとそこに定着しない側面があります。生産額、売上額が高いのは水産業ですがね。

川野　それで我々の先祖は、たいへんな苦労をして立派な港湾を整備してきましたね。

工藤　さらに港湾を整備するために、埋め立てをして船舶が出入りする利便性を高めたわけです。

稚内の将来に向けて、その魅力は何でしょうか

川野　そうした環境整備を含めて、稚内の将来のあるべき姿についてはいかがですか。人口は増えればいいというわけではなく、稚内にとって適正規模はどのくらいかを考えるべきと思います。ただ距離的、時間的な条件を短縮するのは、情報でありDXだと思いますが、日本の最北端・道北の地理的ハンディは大きいと思います。情報網や物流も含めて人を呼び込む条件、それはどのようにお考えですか。

工藤　それはまさに私の仕事だと考えています。中央省庁も道北という名前は知っています

が、どういうところか実際には知らない。でも飛行機は東京から直行便で二時間、重要な港湾もあるし、国道もつながっています。ここに住んでいる人にとってみれば、条件は揃っていると言いたい、しかし中央にある企業にとっては、進出する好条件とは考えられない、飛行機だって夏場に二便しかないし、他市に伍して諸条件が整備されているかとまだまだ言えないところがあります。将来に向けて考えるべきは、来たい時にすぐ来ることができる交通アクセスや情報網の整備と同時に、「行ってみたい」という魅力になるような政策とは何かを考えています。要するに、「ここの魅力は何か」を考える要素をあげれば観光地としての魅力も含めて、稚内に行ってビジネス・チャンスでもいいし、日本一と認められるような魅力を探っています。今まさに航空機内から空港近辺を見れば、民間企業が市内にたくさん立てている「風車」がこの町の将来を変えるかもしれない、その時、人口が増えるかもしれない。いまは洋上風車として海に向かっているので建設コストは安いですが、将来も再生エネルギーとして発電コストも下げることができます。

川野　そうすると家庭の電気料なんかも安くなりますか。

工藤　それは今すぐというわけにはいかないけれど、なぜなら送電の問題で既存の電力会社との制約はあるので、とりあえずは新会社が公共施設に送電をしますが、将来は規模も拡大するだろうと考えています。

川野　実際、住宅もオール電化が進み、電気自動車も走り始めました。

堀江　市民も少しずつ電化意識が変わって来ますね。

川野　そういう企業体もけっこう売り込みがあるのですか。

工藤　もちろんたくさんありますが、やはり信頼関係をつくり、時間をかけながら事業を展開してもらい、まずは市と事業者との関係を築いていきたい。

堀江　「データーセンター」などうってつけですね、サーバーは熱を発するが、稚内の8月の平均気温は20℃くらい、東京は30℃、軽井沢でも21℃なので、地球温暖化の中、電気の「地産地消」が出来るとよいですね。「ゼロカーボンシティ」をキャッチコピーに避暑地としても売り込みましょう。

工藤　もちろん稚内でも取り組んでいるし、水温が日本全国であがっているなかで、夏に一八度の水温を維持できるのはここしかないのです。サクラマス養殖の話もありましたが、実際には失敗しました。

堀江　いろいろな話があるなかで、どう突破口を開いていくかですね。ふるさと納税の返礼品として食品だけでなく、「8月の稚内くらし」なんていうのはいかがでしょう。

川野　私たちが子どもの頃、明るく元気に過ごした稚内の町が良い印象として記憶の中にインプットされています。それを今の子どもたちにも引き継いでいきたいですね。

工藤　ここ何年間か、小学校四年生の授業に出て、「将来、稚内をどんな町にしたいか」を訊いています。そうすると「あれもない、これもない」と言われて、結果として「できない」言い訳をしてしまいます。子どもたちはいろいろ考えて言うのですが、きっと私たちの時代も同じ感じだったのかと思います。そして「稚内に生まれて良かった、住んで良かった」と言われることが一番嬉しいですね。

川野　ありがとうございました。毎月送っていただいている「広報紙わっかない」の表紙には、保育園児や小学生たちがスポーツ活動などを通してたくさんの笑顔がみられます。今日の話をまとめますと、単に人口を増やすという問題ではなく、将来へ向けての夢プランも含めて、いろんな話し合いができました。もちろん稚内市としては黙っていても人口減少が進んでいくばかりですので、工藤市長を先頭に市役所職員も市民も事業者も、いい意味で模索しながら我々世代から後継世代につなぐ努力をされていることがよく分かりました。

（二〇二四年二月）

（参考資料：稚内市ホームページから引用）

稚内市次世代エネルギーパーク
～日本の最先端から「環境都市わっかない」を世界に発信～

稚内市では、「稚内メガソーラー発電所」を中核として、市内の風力、バイオマス、雪氷、電気自動車等の各新エネルギーを一体化し、日本最北端の地から次世代エネルギーの学習・体験ができる最先端都市として、その魅力を国内外へ情報発信することを目的とし、平成二三年二月二八日に認定、全国に公表されました。

次世代エネルギーパークとは

新エネルギーをはじめとした次世代のエネルギーについて、実際に市民の皆様が見て触れる機会を増やすことを通じて、地球環境と調和した将来のエネルギーの在り方に関する国民の理解の増進を図るため、太陽光等の次世代エネルギー設備や体験施設等を整備したものです。

これは、経済産業省で推進しているものです。

稚内次世代エネルギーパーク

あとがき

二〇二四年三月中旬、阪神甲子園球場では春を告げる「選抜高校野球大会」が開催されました。今年の「二一世紀枠」に推薦されて出場する北海道別海（べっかい）高校が登場しました。北海道内の、しかも全国的には無名な高校ですので関心は薄いと思いますが、私もかつての高校球児として（といっても約半世紀以上前ですが）熱烈に友情応援をしました。推薦は、もちろん予選での健闘もありましたので当然ですが、それを伝えるマスコミのキャッチフレーズは、「人より牛のほうが多い別海町」でした。人口が約一四〇〇〇人、飼養されている牛が一一万四千頭いるそうです。まあいいでしょう。人と牛が共存・共生していて、町の産業を支え、もしかしたら球児たちも将来は、酪農業に就くかもしれません。人生において高校球児は一瞬であり、彼らはこれから長い間、別海町で暮らすことができたなら、こんないいことはないと思います。

私が今回、紹介した稚内の隣町に「猿払（さるふつ）村」があります。わずか人口二七〇〇人の村です。ホタテの養殖が有名で、「ニシン御殿」ならず「ホタテ御殿」が立ち並んでいます。冷凍保存されて海外まで出荷されていますし、人手不足を補うように、技能実習生として海外から若者たちを受入れています。ニシン漁の経験を生かして、計画的なホタテ養殖を行っている有名な町です。

稚内市の東側には「宗谷岬」があります。事実上ここが日本の最北端にあたり、モニュメントがあります。いよいよ日本では、ここより北はない限界地であり、晴れた日には樺太（現サハリン）の山々も望めます。夏季には観光客がバスや自家用車で、またバイク・ライダーやサイクリストも大勢押しかけます。なかには「なぜ人は北を目指すのか」、哲学的な自問自答をしながらの北帰行です。「寂寥感？　期待感？　救われ感？　エレジー？　癒し感？」、旅人はみな「石川啄木」「若山牧水」の気分に浸ります。

そして近年、驚いたことに大晦日から元旦にかけて、大雪の中、バイクや自転車で年越しをする若者たちが年々増えているそうです。地元のバスさえも定時で運行できない中、近くの宿も営業しないと旅人は凍死してしまいそうな状況です。若者たちの特権といえばそれまでですが、雪道で事故が起きないよう環境整備する側も大変なことです。

日本列島の「中央」からみたら、一七〇〇有余の自治体のほとんどが「地方」に位置します。

「地方」の繁栄なくして日本経済の成長も、国土の安全も、文化の継承も存在しないと思います。国際情勢の関係はありますが、稚内にとって樺太は、地政学的にみれば中継地点という有利な条件です。全国の自治体は、なにも「交流人口」や「関係人口」でカバーしなくても特色や個性さえあれば生かされると思います。

今までは「地方」にとって、距離や時間はハンディキャップでしたが、さらにそれらを縮めることができれば移住者の臨場感に応えることができます。情報機器の利用やDX、オンラインやリモートワーク、動画配信によって仮想現実も進み、民間事業者による再生可能エネルギーや物流ターミナル化も進みます。「地方・地域」自体、つまり私たちが居住している「場所」の存在自体が、イノベーションの対象となっていくと思います。

それだけに人間がやるべきことは、「自然災害に強いまちづくり」ではないでしょうか。

そのためには住民同士の相互扶助にかかわる「共同体＝コミュニティ」の形成が重要ではないでしょうか。これは基礎的な自治体である市町村レベルでしか実現できません。

危険な雪道を自転車でも行ってみたいという行動欲求は、もしかすると肉体的限界や交通事故にあう可能性が高い。それらに耐えられなかったら、「地域」の誰かが手を差し延べて助けてもらえる願望があるから信頼されているのでしょう。


本書の執筆にあたって実に多くの皆さんのご協力をいただきました。特に「鼎談」をお願いしました工藤稚内市長は現職四期目で、公務ご多忙な中、お付き合いいただきました。また堀江文博さんは東京で外資系の民間企業で働いた後、現在、居住する札幌から駆けつけていただきました。一般的にいえば、工藤さんはUターン組、堀江さんはJターン組、お二人はともかく私は行ったきり組で、「人口減少」を語る資格がないのかもしれません。

羽田からは直行便でわずか二時間のフライトです。

厳冬期の二月、稚内特有の吹雪に見舞われる覚悟をして今回も調査に伺いましたが、なんと珍しいことに風も弱く、気候が安定した一週間で驚きました。雪景色にカラフルな住宅が映える市街地は、きれいに除雪されていて感動しました。

涼しい夏季の風光明媚も魅力的ですが、北国らしい環境もまた独特の生活や食文化を形成して、お待ちしているそうです。なんと冬季は直行便の飛行機代が半額以下になるのでお勧めです。

市民の皆さんの情の深さは以前から有名でしたが、今回もあらためて感じました。


今回の調査にあたって調整窓口になっていただいた表 健一さん（稚内市役所・人材確保対策監）、資料収集・解説にご尽力いただいた斎藤譲一学芸員、若手職員（一五名）との特別研修をプログラミングしてくださった木村博之水産商工課長、そして私が伺うたびに、いつも「論争」を仕掛けてくる牧野竜二主査、倉 寿彦主査との楽しい時間は印象的で感慨深いものでした。稚内商工会議所の皆さんにはお世話になりました。

何よりもいま現在、生き生きと在住・在勤、活動されている稚内市民に感謝をこめて本書を捧げたいと思います。子どもたちの「夢とロマン」を大切に育ててください。

ふだんから家族制度を特に意識しているわけではありませんが、私の四人の孫たちには、高祖父・義二のフロンティア・スピリッツを伝えていきたい。

川野桃佳を筆頭に、栞奈、純、惺奈にしてみれば、四代前の祖父の話で実感はわかないと思います。

あなたたち後継世代のために祖先の生きかたを記録に遺してみました。

参考文献

有馬尚経『屯田兵とは何か　その遺勲と変遷』幻冬舎、２０２０年。
井本三夫『蟹工船から見た日本近代史』新日本出版社、２０１０年。
色川大吉『新編 明治精神史』中央公論社、昭和56年。
色川大吉『日本の歴史21 近代国家の出発』（中公文庫）新装版 ２００６年。
内田五郎『鰊場物語』北海道新聞社、昭和53年。
江馬 修『山の民』春秋社、新装版（上）（下）２００３年。
大濱徹也『明治の墓標 庶民のみた日清・日露戦争』河出書房新社、１９９０年。
大江志乃夫『日露戦争と日本軍隊』立風書房、１９８７年。
梯 久美子『サガレン』角川書店、２０２０年7月。
笠原十九司『日中戦争全史』高文研、２０１７年9月。
金倉義慧『遥かなる屯田兵―もう一つの北海道移民史』高文研、１９９２年。

川越宗一『熱源』文藝春秋、２０１９年。

川嶋康男『永訣の朝　樺太に散った九人の通信乙女』河出文庫、２００８年。

北国諒星『歴史探訪　北海道移民を知る』北海道出版企画センター、２０１６年。

木村盛武『慟哭の谷　北海道三毛別・史上最悪のヒグマ襲撃事件』文春文庫、２０２２年。

葛間　寛『鰊場育ち』幻冬舎ルネッサンス、２０１２年。

桑原真人ほか『県史1　北海道の歴史』山川出版社、２０００年。

小池喜孝『鎖塚　自由民権と囚人労働の記録』現代史出版会、１９８１年4月。

佐々木隆『日本の歴史21　明治人の力量』講談社学術文庫　２０１０年。

佐藤哲朗『スパイ関三次郎事件　戦後最北端謀略戦』河出書房新社、２０２０年。

関　秀志『北海道開拓の（素朴な）疑問を関先生に聞いてみた』亜璃西社　２０２０年。

関　秀志　桑原真人ほか『新版　北海道の歴史（下）』北海道新聞社　２００６年。

関根達人『モノから見たアイヌ文化史』吉川弘文館、２０１６年。

総合教育研究所『荒野から広野へ　宗谷の合意運動』総合教育研究所、１９８０年。

高倉新一郎・関秀志『北海道の風土と歴史』山川出版社、昭和52年。

高橋明雄『鰊　失われた群来の記録』北海道新聞社、１９９９年。
田島佳也『近世北海道漁業と海産物流通』清文堂、２０１４年。
角田房子『悲しみの島サハリン―戦後責任の背景』新潮文庫、平成9年。
遠山茂樹『明治維新』岩波全書、１９７６年。
豊野町誌刊行委員会『豊野町の歴史』豊野町誌2、平成12年。
中江克己『蝦夷、北海道の謎』河出文庫、１９９７年。
中西　聡『北前船の近代史―海の豪商が遺したもの―』成山堂書店、２０２３年
中村隆英著、原　朗・阿部武司編『明治大正史（上）』東京大学出版会、２０１５年。
中村隆英著、原　朗・阿部武司編『明治大正史（下）』東京大学出版会、２０１５年。
長瀬　隆『日露領土紛争の根源』草思社、２００３年。
夏堀正元『明治の北海道』岩波ブックレット、１９９２年。
濱田武士監修『現代漁業入門』家の光協会、２０２１年。
林芙美子『愉快なる地図　台湾・樺太・パリへ』中央公論新社、２０２２年。
原田敬一『シリーズ日本近現代史㉑　日清・日露戦争』岩波新書、２００７年。

藤田文子『北海道を開拓したアメリカ人』新潮選書、1993年。

保坂正康『最強師団の宿命』中公文庫、2014年。

藤村建雄『証言・南樺太』光人社NF文庫、2018年。

北海道新聞社　『北海道百年（上）開拓使・三県時代編』、昭和42（1967）年。

北海道新聞社『北海道百年（中）道庁時代編』、昭和42（1967）年。

北海道新聞社『北海道百年（下）大正・昭和時代編』、昭和43（1968）年。

本庄睦夫『石狩川』（初出：大観堂）昭和14年。電子書籍。

牧野隆信『北前船の時代　近世以降の日本海海運史』教育社、1979年
三浦綾子『母』角川文庫、令和4年11月。

三浦綾子『天北原野（上）』朝日新聞社　1976年。

三浦綾子『天北原野（下）』朝日新聞社　1976年。

三浦綾子『嵐吹く時も』新潮文庫　令和4年。

牧野富太郎『利尻山とその植物』底本の親本『山岳　一の二』1906（明治39）年。

　底本『山の旅　明治・大正篇』岩波文庫、2003（平成15）年。

インターネットの図書館　青空文庫作成ファイル　２０１０年。
吉田武三『北方人物誌　蝦夷から北海道へ』北海道新聞社、昭和51年。
吉田　裕『日本の軍隊』岩波新書、２００２年。
吉村　昭『間宮林蔵』講談社文庫、２０１１年。
吉村　昭『ポーツマスの旗』新潮文庫、令和３年。
吉村　昭『羆嵐』新潮文庫、昭和62年４月。
吉村　昭『脱出』新潮文庫、令和４年７月。
吉村　昭『赤い人』講談社文庫、２０１９年６月。
渡辺浩平『第七師団と戦争の時代　帝国日本の北の記憶』白水社、２０２１年。
稚内百年史編さん委員会『稚内百年史』１９７８（昭和53）年。
稚内市市史編纂室編集『稚内市史第１巻』１９６８（昭和43）年。
稚内文庫編集委員会『宗谷海峡物語』稚内文庫第１集　編集　昭和55年。
稚内市教育委員会『稚内の鰊産業』１９９０（平成２）年
ＳＴＶラジオ編『ほっかいどう百年物語』中西出版、２００２年。

著者略歴

川野佐一郎（かわの　さいちろう）

１９４９年５月北海道稚内市生まれ。現在は神奈川県相模原市在住。

稚内では野球少年、高校球児として18年間過ごした後、たくさんの家族・友人・知人に見送られて上京。57年前、希望・期待・大志を抱いて始発のＪＲ稚内駅を旅立った記憶がよみがえってきます。

尊敬と追憶を込めて祖父に捧げる一冊を執筆。

その後は、自治体職員や大学教員などの職業生活を経て得られた「地域自治と教育の自由」の実現をめざして現在も社会貢献活動を継続中。

著書　Kindle版『希望をつなぐ地域社会教育と高齢者の学び』（22世紀アート）ほか。

知られざる北海道開拓移住者の夢
ひと、まち、時代を架橋する

2024年10月31日発行

著　者　川野佐一郎
発行者　向田翔一

発行所　株式会社22世紀アート
〒103-0007
東京都中央区日本橋浜町3-23-1-5F
電話　03-5941-9774
Email: info@22art.net　ホームページ：www.22art.net

発売元　株式会社日興企画
〒104-0032
東京都中央区八丁堀4-11-10 第2SSビル 6F
電話　03-6262-8127
Email: support@nikko-kikaku.com
ホームページ：https://nikko-kikaku.com/

印刷
製本　株式会社PUBFUN

ISBN：978-4-88877-315-7